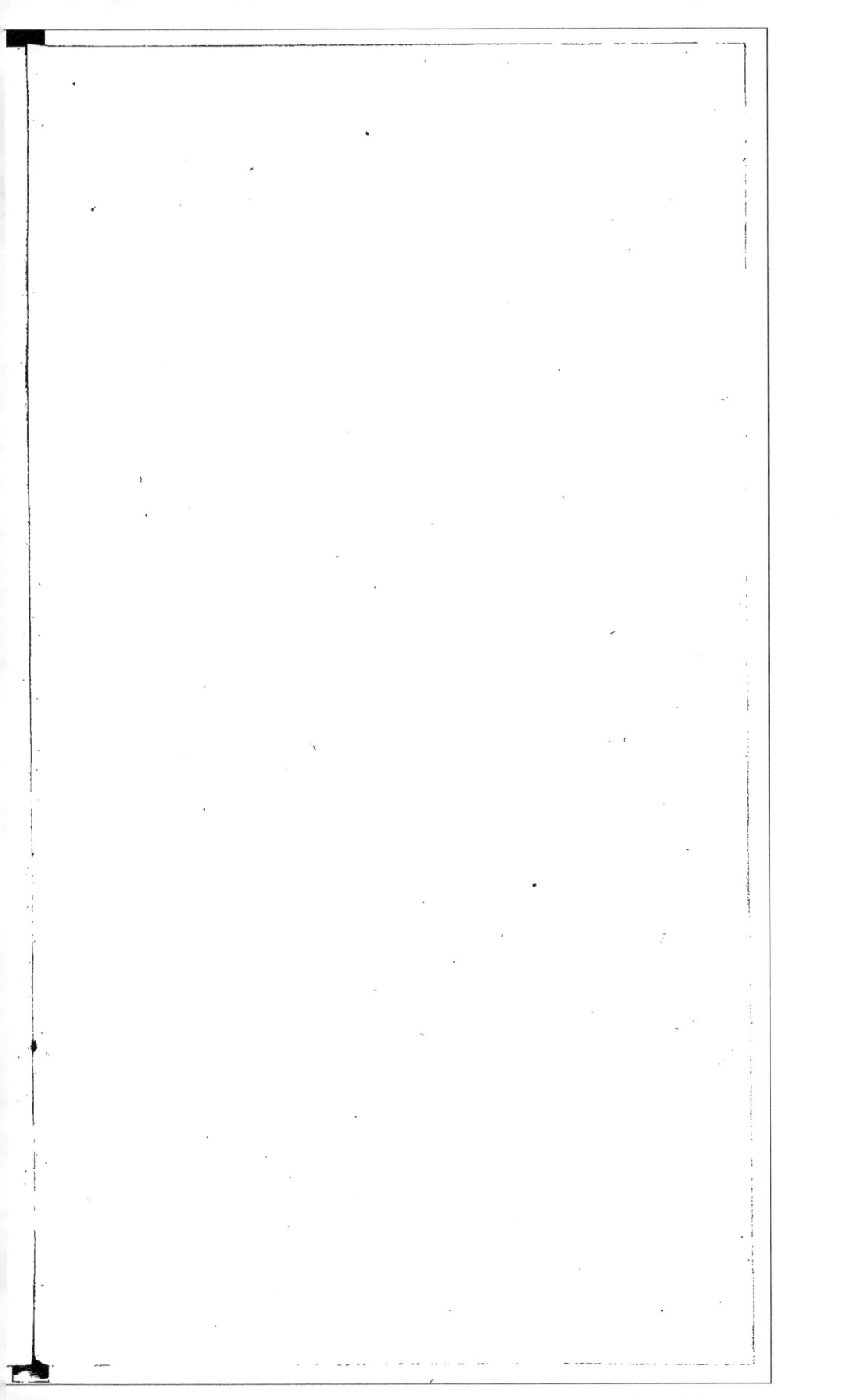

90×90

PROCÉDÉS

ET APPAREILS NOUVEAUX

POUR LA GRANDE ET LA PETITE FABRICATION

DU

SUCRE INDIGÈNE,

PRÉCÉDÉS

DE RECHERCHES CHIMIQUES DANS CETTE PARTIE

ET SUIVIS

DE QUELQUES IDÉES SUR L'IMPÔT PROPOSÉ.

Avec deux Planches.

PAR DMITRI DAVIDOW.

PARIS,

IMPRIMERIE DE Mme HUZARD (née VALLAT LA CHAPELLE),

RUE DE L'ÉPERON-SAINT-ANDRÉ-DES-ARCS, N° 7.

1837.

TABLE.

INTRODUCTION.

—

Y a-t-il si long-temps que la fabrication du sucre de betterave s'est trouvée en butte aux sarcasmes les plus acharnés? Les insulaires du nord de l'Europe ont employé tous les moyens qui dépendaient d'eux pour la décréditer dans l'opinion publique; et peut-être ne sont-ils pas tout à fait étrangers aux persécu-,ions *d'un genre plus efficace*, dont cette industrie est déjà l'objet dès les premiers pas qu'elle fait dans une route certaine et victorieuse; leurs savans même *poussaient le patriotisme jusqu'à nier l'existence du sucre cristallisable dans la betterave.*

Après le célèbre Achard, à qui le vieux continent doit cette belle conquête sur le Nouveau-Monde, deux hommes d'un mérite supérieur ont le plus con-tribué à la soutenir et à la consolider en Europe: je veux parler de MM. Ch. Derosne et Mathieu de Dombasle; le premier a rendu des services signalés à cette fabrication en y appliquant le noir animal, et c'est toujours avec un vif intérêt que je relis, à la suite d'une traduction résumée du grand ouvrage d'Achard, ses observations, brillantes d'avenir et de prévisions ; le second, ce vénérable patriarche des savans-praticiens, outre les progrès qu'il a fait faire à cette industrie, a décidé, pour ainsi dire, de son sort, en jetant en avant deux idées lumineuses (1) : celle de l'évaporation rapide et continue, et celle de la macération de la betterave (2).

---

(1) Voyez *Faits et Observations sur la fabrication du Sucre de betterave,* par M. Mathieu de Dombasle ; 1 vol. in-12. 3 fr. 5o c. — *Bulletin du procédé de macération,* par le même ; in-8°. 1 fr. 75 c. Dans la librairie de madame Huzard, chez qui l'on trouve aussi tous les autres ouvrages publiés sur cette matière.

(2) Il me sera permis, je crois, de payer ici un juste tribut de reconnaissance à deux de mes compatriotes, qui ont si puissamment influé sur l'installation de cette industrie, en Russie, et sur ses progrès.

A l'époque même où une commission, composée de savans, repoussait, avec force, la fabrication du sucre de betterave du continent, feu le général Blankennager, à la suite des publications d'Achard, montait déjà, dans le gouvernement de Toula, le premier établissement de ce genre en Europe. Cet établissement existe jusqu'à présent et n'a cessé, depuis, de travailler chaque année. M. Blankennager a eu tout à imaginer : ses râpes étaient différentes de celles du célèbre chimiste de Berlin ; il s'est servi, le premier, de presses à levier et à vis ; le premier aussi il a appliqué à la défécation la méthode coloniale ; et, chose surprenante, il avait déjà fait, à la fin du siècle passé, des tentatives sur la dessiccation des tranches de betterave et sur la macération à la vapeur.

Le comte Alexis Bobrinsky entreprit, dans un but d'utilité générale, de lever tous les doutes et *de prouver, sur la plus grande échelle* (130 milliers de racines, poids de France, manipulés par jour) les avantages de cette fabrication. Ses efforts éclairés

La première de ces idées a tourmenté bien des têtes. Depuis 1811 qu'elle fut émise, beaucoup de savans et d'habiles mécaniciens ont cherché en vain à la mettre à exécution; elle a produit, il est vrai, plusieurs appareils ingénieux, mais toujours aux dépens de la simplicité primitive et au détriment de la question pécuniaire : j'ai été assez heureux pour la réaliser dans toute son intégrité et de la manière la plus économique. La seconde, ou celle de la macération, a éveillé et déçu bien des espérances; les non-réussites ont motivé une juste défiance, et jusqu'à présent aucun résultat heureux n'a permis d'adopter cette méthode en France. Dès l'année 1832, je me suis occupé de la macération des tranches de betterave et du lavage de la pulpe à l'eau froide. Le succès ne tenait qu'à *quelques petits riens* ou à quelques conditions insignifiantes au premier aperçu, mais desquels dépend, d'une manière absolue, *le lavage régulier et complet* de la pulpe. Depuis deux ans que ce procédé a été introduit par moi en Russie, il a pour lui la sanction de dix-huit établis-

---

furent couronnés d'un plein succès, et son énorme sucrerie est ouverte à tout le monde : un grand nombre d'élèves vient s'y former.

Ces deux établissemens remarquables travaillent maintenant par la macération à l'eau froide. Le comte Bobrinsky a bien voulu me prêter le secours de ses lumières et de son expérience; et c'est à son zèle patriotique, ainsi qu'à son amitié, que je dois le plus pour l'introduction de la nouvelle méthode en Russie.

semens, dans lesquels on a obtenu des résultats brillans pendant la campagne passée. Ces faits furent constatés par la Société d'agriculture de Moscou, qui m'honora de sa première médaille d'or ; et ils se trouvent insérés dans le troisième bulletin du comité des sucriers, qui fait partie de cette Société. De nouvelles fabriques s'organisent déjà, et beaucoup d'autres sont soumises à la réforme.

Plusieurs auteurs n'ont décrit *que le mécanisme* de la fabrication du sucre de betterave. Quelques jeunes chimistes se sont hasardés alors *d'en fonder la théorie* : les conjectures dans les arts industriels peuvent assurément mener à quelques heureuses découvertes ; mais elles entraînent toujours à des sacrifices pénibles et causent souvent la ruine des fortunes. Je dirai plus : *ce sont les abus et les préjugés de la science*, si je puis m'exprimer ainsi, *qni ont fait le plus de tort aux progrès de cette industrie* (1) ; car les expériences faites aux dépens d'autrui ne profitent que rarement. Ce n'est donc que par une étude acquise dans une longue pratique qu'il est permis d'asseoir son opinion sur une partie spéciale de la science, appliquée à une industrie nouvelle *et chimiquement téné-*

---

(1) Un des seuls établissemens de sucre indigène, en France, qui, dès son début, ait marché avec un succès toujours croissant, est celui de M. Crespel, d'Arras, parce que son digne propriétaire a eu le rare mérite de ne pas se laisser séduire par les théories trompeuses et les *préventions scientifiques* que certains chimistes de laboratoire imposaient arbitrairement à la classe docile des manipulateurs.

breuse. S'il y a encore erreur dans ce cas, c'est à dire sous le rapport spéculatif de la science, tant pis pour cette dernière, puisque le succès matériel justifie l'erreur que les fabricans sauront utiliser; libre ensuite aux débats de s'exercer là dessus; du moins c'est aborder la question d'une manière franche et libérale, et la placer sur son véritable terrain.

Aussi, loin d'éprouver la crainte ridicule des rivalités nationales, je me soumets volontiers à la critique des savans et à la sanction des manipulateurs : aux uns, un aperçu de mes recherches chimiques, et aux autres, une description de mes nouveaux moyens de fabrication, que je donne ici avec pleine confiance.

On pardonnera, je l'espère, à ma plume les slavinismes qui peuvent se trouver dans cet opuscule, et qu'il m'eût été facile de faire corriger; mais je préfère conserver mon accent étranger. Je trouve même qu'il n'est pas convenable de paraître en public avec le masque d'autrui ; et que, dans tous les cas, il vaut mieux être toujours soi.

20 mai 1836.

DMITRI DAVIDOW.

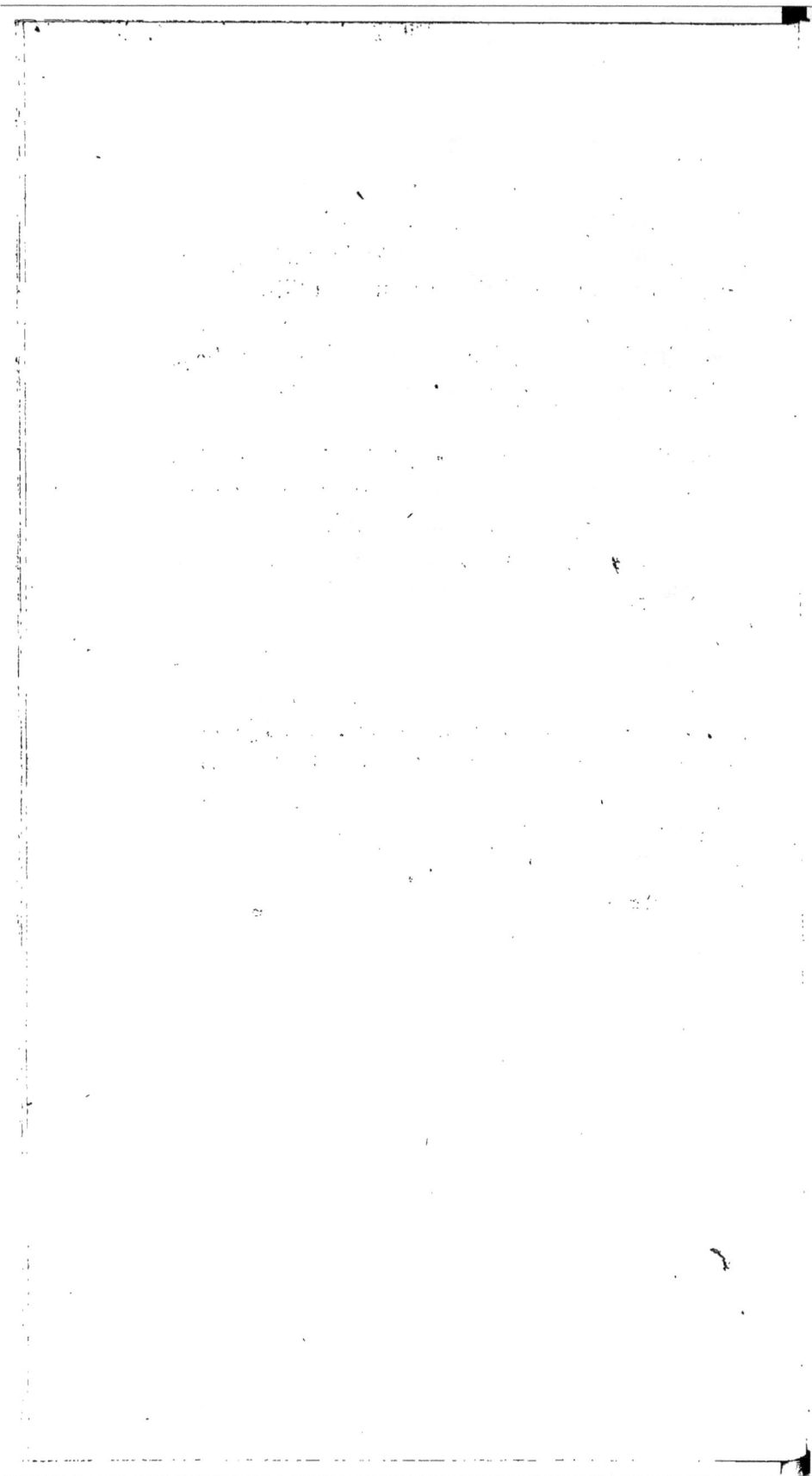

PROCÉDÉS ET APPAREILS

POUR LA FABRICATION

DU SUCRE INDIGÉNE.

APERÇU DE RECHERCHES CHIMIQUES SUR LA FABRICATION DU SUCRE DE BETTERAVE.

Nous ne connaissons, jusqu'à présent, que deux analyses chimiques de la betterave; mais quelle confiance peuvent-elles inspirer, quand on y observe tant de conjectures hasardées, et surtout cette extrême tendance à mettre au nombre des parties constituantes de la betterave des combinaisons particulières, dues plutôt à des circonstances variables de la manipulation? De quels secours sont-elles aussi pour la fabrication, quand les élémens de la betterave n'ont point été étudiés, ni dans leurs propriétés respectives, ni dans l'influence qu'ils peuvent exercer sur la substance du sucre, et quand pas un des agens dont on se sert, dans la fabrication, n'a été examiné encore avec un soin consciencieux?

Nous allons donc nous occuper

1°. Des substances étrangères au sucre et qui s'y trouvent combinées dans le jus de betterave, telles que : *a*, l'albumine; *b*, les sels neutres; et *c*, la matière colorante;

2°. Des agens défécans employés dans la fabrication, comme : *a*, la chaux; *b*, l'acide sulfurique; et *c*, le charbon;

Et 3° de l'effet produit par diverses causes accessoires, comme celui : *a*, de la lumière ; *b*, du calorique ; *c*, de l'air atmosphérique.

Des substances étrangères au sucre.

1°. De l'Albumine.

L'albumine végétale, ainsi que le sang dans les animaux, forme (matériellement parlant) le principe vital des corps qui appartiennent à ces deux règnes. La substance albumineuse se présente sous deux aspects bien distincts : à l'état liquide et à l'état plus ou moins solidifié. Ces deux espèces d'albumine, quoique bien caractérisées dans leurs propriétés respectives, ne forment pourtant, comme l'observe très bien M. Raspail (*Nouveau système de chimie organique*) (1), que les deux âges de la même substance, c'est à dire la substance organisatrice et la substance organisée ; néanmoins, dans cette dernière, le gluten ne se trouve nullement à son état parfait, puisqu'elle passe aussi à celui de ligneux, et que, combinée avec une petite quantité de sels, elle donne naissance au mucilage, à la gelée et à la gomme, qui ne se trouvent pourtant pas dans la betterave, mais qui peuvent être développés dans son jus par les vices de la manipulation.

---

(1) Par la publication de cet ouvrage, vraiment classique, M. Raspail a débarrassé la chimie d'une partie de ses ténèbres ; il m'a été, du moins, d'un grand secours dans mes recherches.

L'albumine végétale et le gluten jouent le rôle le plus important dans la fabrication du sucre indigène; leur présence dans le jus de betterave, et surtout leur combinaison avec la chaux et d'autres alcalis, ont causé tous les méfaits ; il nous faut, par conséquent, en étudier les différences saisissables. L'albumine est coagulable entre 70 et 72° de Réaumur, *si le liquide dans lequel elle se trouve en suspension ne contient pas de substance qui s'oppose à l'accolement de ses molécules.* L'albumine, coagulée dans un liquide approchant du degré d'ébullition, refuse de se dissoudre de nouveau ; mais à une douce chaleur elle peut subir une dessiccation complète et conserver pourtant sa solubilité; ceci prouve que le resserrement des molécules ne suffit pas pour former le coagulum, et que, dans ce cas, il y a *ou évaporation forcée ou saturation d'un agent quelconque;* cet agent ne peut être acide, puisque les carbonates alcalins dissolvent l'albumine, forment avec elle une combinaison particulière et s'opposent à la coagulation de ses parties, même par l'intermède du feu. Il est plus que probable que cette substance, qui se trouve combinée à l'albumine, et qui demande à être évaporée ou saturée, n'est autre que l'ammoniaque, formée aux dépens de l'azote, absorbé par l'albumine de l'air atmosphérique; ce qui vient à l'appui de cette assertion, c'est que les acides coagulent l'albumine en blanc, et qu'en chauffant le jus non acidifié il s'en exhale une forte odeur urineuse.

On a prétendu que la betterave renferme un principe végéto-animal; cette supposition me semble

tout à fait gratuite et fournit toujours, au manipulateur négligent ou inhabile, une excuse à peu près
valable. A l'époque de sa végétation et arrivée à
toute sa croissance, la betterave ne contient pas
d'ammoniaque; mais, si l'on arrache une betterave
non mûre, elle ne pourra d'aucune manière se conserver long-temps et entrera en putréfaction, parce
que l'albumine liquide, qui doit former le gluten,
n'est pas encore suffisamment solidifiée, et que, dans
cet état, elle absorbe une grande quantité d'azote, qui
détermine la pourriture. Par la même raison, des
tranches d'une betterave parfaitement mûre ne subissent aucune altération et ne noircissent que très légèrement après un long espace de temps, parce que l'albumine ne se trouve exposée à l'action de l'air qu'en
fort petite quantité. La pulpe noircit subitement, car
la presque totalité de l'albumine est mise à décou-
vert par la râpe; le jus exprimé noircit encore plus vite
que la pulpe et subit la fermentation glaireuse, qui
approche bien près de la fermentation putride; tout
au contraire, le jus obtenu par la macération à froid
des tranches de betterave dans l'eau acidulée est
incolore et parfaitement limpide. Celui qui provient
du lessivage de la pulpe par l'eau acidulée est aussi
très limpide; mais il affecte déjà la couleur d'un beau
jaune d'or. Le jus provenant du lavage de la pulpe,
soit à l'eau pure, soit à l'eau chaude, noircit très
vite; il a pourtant sur celui qui est exprimé une
supériorité incontestable, puisqu'il ne contient pas
autant d'albumine et encore moins de gluten, et qu'il
jouit d'une certaine transparence; ces avantages

réunis lui procurent la faculté de pouvoir se conserver pendant plusieurs heures, sans éprouver d'altération sensible. Par conséquent, la substance azotée
ou végéto-animale n'est rien moins qu'un des élémens constituans de la betterave.

Quoique de même origine que l'albumine, le gluten se dissout, tout au contraire, par la réaction des
acides ainsi qu'à l'aide de l'eau chaude, et plus encore par la vapeur. M. Mathieu de Dombasle a dit
que, pour retirer tout le jus de la betterave, il fallait
en détruire le principe vital; je traduis cela en d'autres termes : afin de faciliter l'écoulement du jus, il
faut rompre et dissoudre le tissu cellulaire; or, dans
la macération à froid des tranches de betterave dans
l'eau acidulée, le tissu cellulaire se trouvant attaqué
par l'acide sulfurique, et progressivement décomposé
par lui, livre passage au jus; aussi, plus les mor-
ceaux de betterave seront étroits et minces, ou plus
forte sera la dose d'acide, plus tôt le jus se trouvera
affranchi des cellules qui le renferment. L'acide sulfurique soustrait le gluten à l'action pernicieuse de
l'azote, et le gluten peut, dans ce cas, être éliminé en
grande partie à froid, par le moyen d'un alcali quelconque; mais il n'en est pas de même avec le gluten
tenu en dissolution à une température élevée : il y a
alors formation d'acide pectique et de pectate, après
y avoir mis la chaux. C'est une circonstance bien
fâcheuse que de ne pouvoir se débarrasser du gluten quand une fois il a subi l'effet de l'ébullition, et
ceci s'opposera toujours à l'extraction du sirop des

tranches de betterave préalablement desséchées, en y employant l'eau chaude ou la vapeur.

2°. Des Sels neutres.

Ces sels auraient, dans la fabrication du sucre de betterave, une influence peu sensible, si les réactifs que l'on emploie ordinairement à la défécation ne mettaient en liberté soit les alcalis qui leur servent de base, soit leurs acides, c'est à dire d'après la propriété particulière à chacun de ces agens. En présence de l'acide sulfurique, les acides mis en liberté semblent ne porter aucun préjudice à la fabrication ; mais les alcalis convertissent en mucilage d'une manière palpable une partie du sucre, selon la quantité d'alcali combiné au jus et selon la durée de son action. Parmi ces derniers, nous distinguons particulièrement l'ammoniaque, la potasse et la chaux.

a) L'ammoniaque, comme une substance azotée, sert de levain très énergique et provoque la fermentation glaireuse et putride : il dissout l'albumine et s'oppose à sa coagulation ; il se combine intimement avec le gluten tenu en dissolution, et ne peut en être expulsé que par une forte chaleur et par une évaporation prolongée ; mais alors il abandonne, dans le sirop et à l'état acide, un sel auquel il servait de base. Il est bien singulier que les auteurs qui ont écrit sur la fabrication du sucre de betterave n'aient point fait mention de l'ammoniaque ; il faut croire qu'ils ne la considéraient que comme une substance volatile ; il n'y a que M. Dubrunfaut qui ait dit quelques mots sur la combinaison de la potasse et de l'ammoniaque avec llbumine.

b) La potasse, à l'état sec, ou réduite en bouillie, produit bien la coagulation de l'albumine; mais, combinée avec une quantité considérable d'eau, comme cela se trouve dans le jus de betterave, elle la dissout, se combine au gluten, donne naissance aux acides acétique, carbonique et oxalique aux dépens du sucre, et développe dans les sirops la formation de cette substance gélatineuse et analogue à la cire, connue sous le nom de pectique et que quelques savans ont voulu prendre aussi pour un des élémens de la betterave, mais qui n'est autre chose que la décomposition du sucre et du gluten par l'intermède de la potasse. Par sa grande affinité pour l'eau, la potasse retarde l'évaporation et la concentration des sirops et prive le sucre de sa faculté de cristalliser.

Et *c) La chaux.* Sous le rapport de la fabrication du sucre indigène, la chaux produit à peu près les mêmes effets que la potasse. Nous examinerons avec quelques détails ses propriétés particulières, en parlant des réactifs employés pour la défécation du jus.

3°. De la Matière colorante.

M. Dubrunfaut suppose deux principes colorans dans la betterave, dont l'un rouge et l'autre jaune, et M. Payen trois, rouge, jaune et brun; mais, dans sa chimie organique, M. Raspail en donne une explication plus satisfaisante : il y observe que les matières colorantes, appelées communément extractives, ne sont que telle ou telle autre nuance de divers degrés de dégradation de la fécule verte combinée avec un corps gras ou albumineux. Cette assertion est parfaitement d'accord avec les observations que j'ai eu occasion de faire sur les diverses nuances que le jus provenant de la macération des tranches de betterave affecte dans la défécation opérée à froid et avec ce que nous venons de dire, au sujet des effets progressifs de l'air, sur le gluten et sur l'albumine. La couleur du jus de betterave *n'est donc pas une matière, et encore moins un principe,* comme quelques savans ont prétendu le prouver *par leur analyse chimique,* mais bien la dégradation d'un corps albumineux ; car, en exprimant de suite une betterave dégelée, le jus en sort incolore et limpide : ce n'est donc point l'intensité de la nuance du jus de betterave, mais le degré de son altération, qui est le point essentiel de la question ; le charbon remédie bien à la coloration du jus, mais son effet est impuissant pour réparer la décomposition de la substance sucrée.

Des agens défécans.

1°. De la Chaux.

Il faut croire que la chaux fut primitivement employée d'une manière empirique, afin d'empêcher le jus de betterave *de tourner à l'aigre;* la routine prit ensuite le dessus; l'on exagéra la vertu de la chaux, et les abus qu'on en fit suivirent de près. Nous avons déjà observé que la chaux dissout l'albumine et forme avec elle une combinaison tellement intime, que le noir animal ne peut l'en séparer complètement, et que l'on retrouve des traces très sensibles de chaux jusque dans la cuite des sirops de betterave : voici le premier point d'accusation contre la chaux; le second, tout aussi important, est celui de mettre en liberté la potasse et de la rendre caustique. Il a été reconnu que la présence d'une petite quantité de chaux dans une dissolution de sucre pur peut, dans l'espace de quelques mois, le convertir entièrement en carbonate et en mucilage : aussi, plus un jus est pur, et moins il est dense, d'autant plus l'effet de la chaux sur lui est prompt et actif (1).

Quelque incontestable que soit l'action délétère de la chaux sur la substance sucrée, on a négligé jusqu'à présent d'en expliquer la cause. De ce que la

---

(1) Sur un grand nombre d'expériences que j'ai faites là dessus, je vais en citer une très concluante : je pris 2 hectol. et demi de suc de bouleau, marquant 2° à l'aréomètre de Baumé, que je partageai en deux parties égales, dont j'abandonnai l'une à elle-même, durant une nuit entière, et j'ajoutai à l'autre 0,400 de chaux anciennement éteinte par un séjour de quatre à cinq ans à l'air; et puis je filtrai. Le lendemain, on procéda à la concentration de l'un et de l'autre à la vapeur. Les 125 litres sans chaux me donnèrent un excellent sirop à 25° de densité; dans l'autre moitié, tout le sucre avait disparu et l'aréomètre marquait zéro, au commencement comme à la fin de l'évaporation, poussée aussi loin que la première. La quantité de

chaux est peu salubre dans l'eau; l'on a conclu
qu'elle ne devait se dissoudre que difficilement aussi
dans tout autre liquide très aqueux; c'est une grave
erreur pourtant, puisque la chaux se dissout, avec
une extrême facilité, dans le jus de betterave, et
nommément *dans la proportion de 5o pour 100, relativement au poids du sucre qui s'y trouve en dissolution* : les 5o pour 100 de mélasse que l'on reti-
rait communément devaient pourtant le prouver. *Par
la certitude* que leur accorde la science, les *analystes*
de laboratoire trouvèrent plus commode d'imaginer
dans la betterave l'existence du sucre incristallisable
et de le ranger aussi au nombre *de ses élémens,* que
de rechercher la véritable cause de sa formation; elle
est pourtant manifeste et facile à expliquer : le sucre
est composé de carbone et d'hydrogène et d'oxygène
dans les proportions convenables pour former l'eau;
d'un autre côté, la chaux vive se trouve privée vio-
lemment de son acide carbonique, par l'action prolongée du feu; quoi de plus simple que ce qu'il arrive dans cette circonstance? La chaux, employée en
grand excès à la défécation, rencontre dans le jus
de betterave un de ses principes constituans, *le
carbone; elle s'en empare aussitôt, en décomposant
la proportion de sucre qui lui est nécessaire et en al-*

---

chaux hydratée ne formait pourtant que 1 3o4ᵉ, relativement
au poids du suc de bouleau, tandis que l'on emploie le double
de *chaux vive* à la défécation du jus de betterave : la décomposition du sucre dans le jus de bouleau a été entière, à cause
de sa pureté et de sa faible densité.

sorbant en même temps l'oxygène de l'air. Cette décomposition de sucre est bien plus activée par la
haute température du jus, déféqué à chaux; aussi
perd-elle beaucoup de son énergie dans la défécation
opérée à froid.

L'emploi de la chaux à la défécation ne peut être
justifié autrement que par la propriété qu'elle possède de rendre le gluten en grande partie insoluble ;
mais tout excès inutile de chaux rend la défécation
plus difficultueuse, et convertit en mélasse une portion analogue de sucre.

2°. De l'Acide sulfurique.

Tous ceux des savans qui se sont déclarés contre
l'emploi de l'acide sulfurique s'accordent pourtant
sur un point : c'est qu'à froid et étendu de beaucoup
d'eau, il est sans influence sur une faible dissolution
de sucre. D'après leur opinion aussi, cet acide arrête
l'altération quand elle se manifeste dans le jus ; il
est certain, du moins, que l'on ne saurait travailler
de la betterave altérée qu'avec le secours de l'acide
sulfurique. Ne suit-il pas de là que, si cet acide arrête l'altération, il doit nécessairement la prévenir
aussi ?

Il décompose les sels neutres qui se trouvent dans
le jus de betterave, s'empare de leurs bases et met
en liberté leurs acides. Comme il paralyse l'effet de
l'air sur l'albumine, aussi n'aperçoit-on, dans le jus
retiré à froid par la macération de la betterave, dans
de l'eau acidulée, aucune trace d'ammoniaque; et

ce jus déféqué à froid par un excès convenable de chaux, et filtré ensuite sur du charbon, peut se conserver pendant l'espace de plusieurs mois sans altération visible, c'est à dire qu'il n'y a ni moisissure qui se déclare, ni aucune décomposition appréciable à l'aréomètre et aux réactifs; c'est du moins ce que l'expérience m'a confirmé plusieurs fois.

Mais, de quelque importance que soit, pour la fabrication du sucre indigène, l'acide sulfurique employé avec discernement, je suis pourtant d'avis que, dans une dissolution de sucre, la présence de toute substance étrangère, *si elle n'est vraiment inévitable,* doit être nuisible. Aussi, l'acide sulfurique employé à grande dose, ou qui aura séjourné long-temps en contact avec le jus, sans être saturé, donne-t-il lieu à un phénomène curieux : le sucre jouissant des propriétés du carbone décompose l'acide et se combine avec une partie du soufre, ce que l'on reconnaît au goût plus ou moins amer des produits en sucre, qui n'en sont pas moins d'une beauté remarquable, ainsi que les eaux-mères dont l'égouttage est extrêmement facile à cause de leur grande fluidité.

Je me suis assuré nombre de fois, et me servant toujours de balances très sensibles, que chaque litre d'un jus de betterave, marquant 8° à l'aréomètre, décompose constamment o gram. 75 d'acide sulfurique à 67° et étendu de douze à vingt fois son volume d'eau; d'une autre part, plusieurs recherches m'ont prouvé que le *carbone* de toute espèce de charbon décompose les acides hydrochlorique, nitrique et sulfurique dans la proportion du tiers à peu près de son propre poids : par conséquent, les o gram. 75 d'acide disparus représentent 2 gr. 25 de sucre décomposé par litre de jus de 8° de densité, ou de 1058 grammes de pesanteur spécifique ; donc, toute la perte que l'on éprouve par l'addition de l'acide se borne, dans cette circonstance, à la vingt-cinquième partie ou au 4 pour 100 de la matière sucrée.

Après avoir signalé les avantages et les inconvéniens de l'acide sulfurique, je trouve qu'il est préférable de le remplacer, dans cette fabrication, par certains sulfates : leur effet est équivalent à celui de l'acide ; mais l'action en est bien moins violente. Le célèbre Howard a, le premier, employé l'alun neutralisé pour la clarification des sirops de raffinage ; mais, comme la préparation de cette pâte entraîne à beaucoup d'embarras et y laisse des sels, quoique neutres, il est vrai, mais à base de potasse et de soude, toujours préjudiciable aux produits, l'on a mieux aimé se servir, dans la plupart des raffineries, de sulfate de zinc. Néanmoins le sulfate d'alumine est, dans ce cas, l'agent le plus rationnel à employer : l'alumine par elle-même jouit déjà d'une puissance décolorante très énergique et à peu près égale à celle que possède le noir animal bien préparé ; elle absorbe aussi le mucilage, qui s'est formé aux dépens du sucre cristallisable.

Le mutisme de la betterave, avant de la soumettre à l'action de la râpe, ne m'a jamais réussi dans la macération, ni pour les tranches, ni pour la pulpe ; d'ailleurs le soufre en combustion nuit à la santé de l'homme et exhale une odeur insupportable : les sulfates métalliques, au contraire, n'exposent à aucun danger, puisqu'ils se trouvent décomposés par l'al bumine et par le charbon.

3°. Du Charbon.

Il est possible que je me trompe; mais je crois, de bonne foi, qu'un tableau statistique sur les abattoirs d'une grande ville ne peut nullement éclaircir la question sur les propriétés chimiques du charbon d'os; il serait pourtant fâcheux d'en manquer par l'extension que prend la fabrication du sucre indigène et par la difficulté que l'on éprouvera de se procurer la matière première : rétablissons, par conséquent, la question dans son véritable sens, et voyons si l'on ne pourrait pas remplacer le noir animal par un autre charbon, et s'il n'y a pas moyen de s'en passer à la rigueur. Examinons d'abord 1° si le noir d'os ne doit pas à quelques circonstances particulières la préférence exclusive qu'on lui accorde; 2° jusqu'à quel point est fondée cette déférence; et 3° dans laquelle de ses parties constituantes réside sa propriété décolorante.

Ce fut M. Guillon qui, le premier, employa avec le plus grand succès le noir végétal à la décoloration des sirops. En 1811, M. Figuier répandit quelques lumières sur les effets produits par le charbon d'os; mais c'est particulièrement à M. Ch. Derosne que l'on est redevable de son application à la fabrication du sucre de betterave. M. Derosne communiqua ses idées à un chimiste renommé, qui, possesseur d'un grand établissement de produits ammoniacaux, s'empressa de mettre à profit les résidus perdus de sa fabrication, sans avoir d'argent à débourser pour l'acquisition de la matière première : il était, par conséquent, de l'intérêt du manufacturier de proclamer la supériorité du noir animal sur les autres charbons, qui, préparés d'une manière routinière et vicieuse, ne pouvaient réellement soutenir la concurrence avec le premier ; et, dès lors, l'opinion du savant fut accueillie sans réserve. Cependant, pour *octroyer une puissance aussi exclusive* en faveur du noir animal, il fallut bien inventer un système justificatif ; mais l'on ne trouva d'autre ressource que dans la supposition forcée d'une certaine disposition des molécules de phosphate et de sulfate de chaux *chimiquement avantageuse* dans les os carbonisés. Cette opinion fut même appuyée par un mémoire connu, dans lequel le savant dit pourtant, très positivement, que ce n'est que le *carbone* qui possède dans les os la propriété décolorante et absorbante, et que le *carbone isolé* jouit d'une puissance décolorante triple en comparaison de celle du noir animal ; mais, de suite après, le manufacturier insinue que, relativement au poids de l'une et de l'autre matière, la puissance décolorante du charbon est à celle du carbone comme 10 est à 3 ; l'une de ces assertions est au moins fautive. Nous allons suivre l'auteur du mémoire dans une expérience qu'il fit pour établir ce raisonnement ; voici là ses propres paroles : — « Du charbon d'os réduit en poudre *impal-* » *pable*, lavé à grande eau et desséché... Je pesai bien » exactement 40 grammes de ce charbon ; je le traitai

» *par un grand excès* d'acide hydrochlorique, et
» lavai à grande eau, jusqu'à épuisement complet, le
» résidu resté sur le filtre. Ce charbon pesait 4 gram-
» mes. » — Donc un dixième de carbone. M. Thénard nous apprend pourtant que le charbon d'os contient 20 pour 100 de carbone ; et, d'après MM. Vau-
quelin et Fourcroy, les os sont composés comme il

Gélatine.	5o	parties.
Phosphate de chaux.	3o	
Sulfate de chaux.	10	
Phosphate de magnésie. . .	1,3o	
Silice, divers acides, etc. . .	1,7o	

Or, ce n'est que la gélatine qui dans les os fournit
le carbone ; elle ne se réduit pourtant pas au dixième
ou au douzième de son propre poids par la carbonisation, mais bien au quart et tout au plus
au cinquième ; les autres substances ne perdent à la
calcination que la moitié de leur poids : par conséquent, la proportion du carbone dans le noir animal
approche bien près, si elle ne dépasse pas même le
tiers de son propre poids. L'expérience précitée
prouve d'ailleurs qu'elle n'a pas été faite avec une
rigoureuse exactitude : 1° il y a évidemment perte
du charbon réduit en poudre impalpable, par le seul
mouvement occasioné dans l'air en le voyant sur le
filtre, et par des lavages forcés ; 2° il y a encore une
autre perte de charbon, pour la folle farine qui a dû
se fixer dans les interstices du filtre ; et 3° il y a
décomposition et déchet de *carbone*, traité par un
grand excès d'acide hydrochlorique : donc le rap-

port qu'établit l'auteur du mémoire entre l'effet du charbon et du carbone n'est rien moins que juste et reste à l'avantage de ce dernier.

D'après l'aveu du même savant, le sang et d'autres corps sont rejetés ordinairement dans la préparation du noir animal; mais, mêlés à une certaine quantité de potasse, ils donnent un charbon dont la puissance décolorante est quadruple de celui que possède le noir d'os. De même la torréfaction de l'acétate de soude goudronneux, ainsi que les marcs de soude, ont aussi fourni au savant manufacturier un charbon qui ne le cédait pas en énergie au meilleur noir animal. Nous observerons, en passant, que ni le sang ni les marcs de soude ne contiennent de sels à base calcaire qui puissent diviser avantageusement les molécules de carbone d'une manière chimique : que devient après cela l'échafaudage du système exclusivement protecteur au noir animal?

Ainsi que tous les corps poreux, le charbon absorbe les gaz et les fluides; cette propriété doit correspondre à la faculté d'absorber aussi la matière colorante ou extractive, et les mucilages. Le diamètre des pores et leur nombre déterminent le degré de la puissance décolorante d'un charbon (1). Moins

---

(1) D'après Th. de Saussure :

Le charbon prove-nant du	Pesanteur spéci-fique.	Absorbe de l'air relativement à son volume.
Bois liége	Kilogr. : 0,100..	Fort peu.
Sapin	0,400..	4 1/2 fois.
Bois dense. . . .	0,600..	7 1/2
La houille. . . .	1,326..	10 1/2

il est spongieux, plus il jouit de cette propriété; cette loi a pourtant ses limites, et les charbons trop durs sont privés de cette faculté. L'aspect luisant du charbon prouve un trop grand resserrement de ses pores, ou bien une certaine vitrification de quelques unes de ses parties élémentaires; il suit de là que l'aspect terne et parfaitement noir est une qualité requise du charbon, quelle que soit d'ailleurs sa nature.

Mais, puisque le carbone est la seule substance qui possède dans le charbon cette propriété absorbante et décolorante que nous cherchons, pourquoi rejeter ceux qui nous la présentent en plus grande abondance, comme, par exemple, les charbons de hêtre, de bouleau, de schiste? Il n'y a qu'à en séparer les corps étrangers au carbone, tels qu'un peu de potasse et quelques parcelles terreuses et métalliques dans les uns, du soufre et des sulfures dans les autres.

Si c'est du bois que l'on veut convertir en charbon propre à la fabrication du sucre, il faut lui faire subir la carbonisation dans des vases clos, afin d'éviter, autant que possible, de produire de la potasse. Il faut ensuite, par précaution, imbiber ce charbon, et avant de l'écraser sous la meule verticale, d'eau acidulée par l'acide acétique (1); puis le laver à grande eau, et lui faire subir, après cela, une se-

-----

(1) C'est à tort que M. Chaptal conseille de laver le charbon de bois, au moyen de l'acide nitrique très étendu d'eau; le charbon décompose l'acide, dont la base recouvre alors les surfaces du charbon.

conde calcination. Il n'y a que le charbon de bois qui possède à un haut degré la propriété de désinfecter et de purifier le goût des liquides que l'on soumet à son action; le noir animal tout au contraire, communique au sirop un goût fortement alcalin et une odeur désagréable qui trahit son origine.

On trouve ce qui suit à l'article *Sucre*, du *Dictionnaire technologique*, réimprimé depuis peu séparément :

« L'une des modifications remarquables, dans le » raffinage, a été apportée par M. Guillon, en 1805. » Ce fut l'application du *charbon végétal* à la déco- » loration. D'abord l'auteur de ce procédé prépara » ainsi *des sirops peu colorés et d'un goût agréa-* » *ble, qui eurent une grande vogue......* *Nous ne* » *décrirons pas ce mode de clarification,* il se » trouvera compris avec quelques améliorations dans » la description ci-après de la clarification au noir » animal. » A notre grand regret, il n'est plus ques- tion *ci-après* de l'emploi du noir végétal; mais le même auteur dit pourtant quelque autre part « que » l'effet *utile* du charbon de bois est *très variable* » (il peut donc être utile parfois); ce qui provient » *d'une carbonisation inégale* et des proportions » différentes de potasse qui se trouvent dans les pous- » siers des bateaux à charbon. » Deux questions se présentent ici tout naturellement : pourquoi se ser- vir de poussiers de bateaux? et serait-il vraiment si difficile de produire pour le bois une carbonisation équivalente à celle que l'on obtient pour les os, ainsi que d'éliminer la potasse? D'où l'on doit conclure que, si le savant chimiste avait à porter une accusation plus sérieuse contre l'emploi du charbon végétal, il ne l'eût pas passée sous silence. La *seule* supériorité *réelle* que possède le noir animal sur le charbon végétal, *c'est que ce dernier est moins dense que l'autre* : aussi, en forçant un peu la dose du noir végétal, en obtient-on un effet équivalent.

Tous les charbons de terre ne sont pas également propres à la préparation du noir pour les sucreries ; c'est celui de schiste d'une couleur noire mate bien prononcée et onctueux au toucher, auquel on doit donner la préférence; mais il est bien constaté, et je le sais aussi par une expérience comparative longuement suivie, que les charbons de schiste égalent au moins en énergie le noir animal le mieux préparé, et offrent au fabricant de sucre une ressource précieuse, qu'il serait déraisonnable de rejeter. Il n'y a qu'à le raffiner deux fois dans des vases clos, et le laver à grande eau après la première calcination.

M. Dubrunfaut assigne la seconde place au charbon de schiste, quoiqu'il soit composé presqu'en entier déjà de carbone pur; et M. Payen conseille de l'employer simultanément avec le noir animal : cette *concession* dit beaucoup en faveur du noir de schiste; mais, comme correctif, M. Payen s'empresse de dire qu'il n'y a que le charbon d'os qui possède la faculté d'enlever la chaux au jus et aux sirops de betterave. Je crois *qu'il y a quelque peu de partialité dans cette opinion;* aussi lui sera-t-il difficile de soutenir le plus léger examen. Dans le noir d'os, il n'y a que le carbone qui jouisse de la faculté de s'approprier la chaux ; or, le carbone et le sucre étant de même nature, la chaux abandonne en partie le sucre qui se trouve dissous et, pour ainsi dire, noyé dans une grande quantité d'eau, pour s'unir au carbone qui se présente à elle en masse et sous forme solide. Admettant ce raisonnement qu'il est difficile de combattre, toute espèce de charbon doit posséder également la propriété d'éliminer, en grande partie, la chaux d'une dissolution de sucre.

Une autre propriété remarquable des charbons, en général, est celle d'absorber, c'est à dire de décomposer une grande quantité des acides qui leur sont présentés, dans la proportion environ d'un dixième relativement à leur propre poids. S'il ne s'agissait ici que du noir animal, l'on se contenterait peut-être d'expliquer cet effet par la présence des sels calcaires qui se trouvent dans les os et qui sont amenés à l'état caustique par l'action prolongée d'un feu violent ; mais, puisqu'il en est de même pour les autres charbons, il est présumable que ce n'est que le carbone qui décompose l'acide en s'appropriant son oxygène. Pour fixer mon opinion là dessus, j'ai fait beaucoup d'expériences, opérant chaque fois sur 500 kilog. au moins de charbon de chêne préparé chez moi et lavé par filtration à l'eau acidulée, au moyen de l'acide nitrique : la faible quantité de potasse qui pouvait s'y trouver aurait-elle pu saturer 50 kilog. de cet acide très concentré ?

La décomposition de l'acide par le carbone démontre d'une manière évidente la cause de l'action pernicieuse d'un acide quelconque dans une dissolution de sucre; cette action est d'autant plus énergique que la température de la dissolution est plus élevée. L'absorption de l'oxygène par le carbone du sucre donne lieu à une combinaison particulière qui prive ce dernier de la faculté de se prendre en cristaux; par conséquent, que l'altération du carbone provienne au moyen de la chaux ou par celui d'un acide, l'on a toujours pour résultat la formation du sucre incristallisable, avec la seule différence peut-être que, dans le premier cas, il y a décomposition entière et *irréparable*, et que, dans le second, l'on peut tirer parti du sucre, du moins sous forme liquide. Ceci explique aussi pourquoi l'action prolongée de l'air atmosphérique, surtout de celui qui est porté à une haute température, est tellement nuisible au sucre, aux différentes époques de la fabrication.

Les charbons n'ont aucune influence sur les sels neutres tenus en dissolution dans le jus de betterave; ces sels se déposent mécaniquement et progressivement, à mesure qu'avance la concentration des sirops, et ne peuvent en être séparés que par un long repos et par des filtrations réitérées à différens degrés de leur densité.

Il suit nécessairement, de tout ce que nous venons d'exposer sur les charbons, que, pour en retirer l'effet le plus utile, il faut en présenter le carbone *à son état le plus simple*. Et nous affirmons avec pleine conviction que, dans la fabrication du sucre de betterave, *l'on peut même se passer de charbon et obtenir encore de très beaux produits*. Il ne faut, pour cela, qu'une macération et une défécation faites à froid, et des appareils fort simples à évaporation continue à la vapeur non comprimée ; alors l'emploi du noir se bornerait exclusivement au raffinage des produits bruts, ce qui éviterait beaucoup d'embarras dans la surveillance et bien des pertes, surtout pour le petit manipulateur de campagne, et l'on ne dépendra plus de *l'arbitraire* du charbon animal. Nous signalerons plus loin la manière d'utiliser le noir en poudre fine dans la filtration et la décoloration des sirops ; le charbon végétal est extrêmement propre à cela.

De l'influence de plusieurs causes accessoires à la fabrication du sucre de betterave et nommément : de la lumière, du calorique et de l'air.

Il est très difficile de saisir les effets de ces trois agens sur une dissolution du sucre, puisque les solutions sucrées varient dans leur état et favorisent plus ou moins l'action de ces agens. Sous ce rapport, la durée de temps pourrait même être considérée comme l'agent le plus actif et le plus pernicieux, par la progression toujours croissante de son effet. Nous ne parlerons donc, sur cet objet, que bien succinctement, afin de compléter l'esquisse de nos recherches chimiques.

La lumière a une action très sensible sur la matière colorante, mais elle ne l'attaque qu'en décomposant plus ou moins le corps auquel elle se trouve unie ; ce qui vient à l'appui de ce que nous avons dit ci-dessus sur la matière colorante qui, probablement,

n'est pas un *principe*, mais plutôt un *accident produit par un mouvement interne.*

« Parfois, ce sont les parties élémentaires du corps
» qui se combinent entre elles dans un ordre diffé-
» rent ; en d'autres cas, une de ses parties consti-
» tuantes se trouve éliminée et se combine alors avec
» un des élémens de l'air. Le calorique chauffé à la
» température du fer rouge produit les mêmes effets
» que la lumière ; par conséquent, la lumière et le
» calorique agissent de la même manière sur certains
» corps. » Voilà ce que nous trouvons dans le *Traité
de chimie* de M. Thénard.

Il faut supposer qu'une dissolution de sucre se
décompose par l'effet combiné de l'air, de la lumière
et du calorique, puisque nous la voyons se couvrir
quelquefois de moisissure.

M. de Rumfort observe très judicieusement que la
transmission du calorique dans les liquides, chauffés
surtout par le fond, s'opère moins par la loi de la
conductibilité des corps, qu'à cause de deux courans qui s'y déclarent, l'un de bas en haut et l'autre
de haut en bas. Ainsi, plus la couche du liquide
chauffé sera épaisse, moins les parties inférieures
auront de facilité pour leur ascension, et plus l'évaporation sera de longue durée.

L'effet prolongé d'une haute température détériore
le sucre tenu en dissolution et peut même le convertir entièrement en mucilage : la température élevée dilate l'air *et facilite par là sa décomposition.*

Dans la fabrication qui nous occupe, l'air se trouve
décomposé et par l'albumine végétale, qui en tire

l'azote, et par le carbone de sucre, qui absorbe son oxygène. L'oxygène, combiné au carbone, produit de l'acide carbonique aux dépens du sucre cristallisable, qu'il convertit en mucilage, dans une proportion plus ou moins grande, c'est à dire selon la durée de son action sur le sucre. Par conséquent, la décomposition du sucre est d'autant plus forte, que l'épaisseur de couche du sirop soumis à la concentration se trouve plus grande; dans cette circonstance, le courant ascendant ne peut que difficilement expulser l'air fortement échauffé des couches inférieures du sirop et qu'y ramène constamment le courant descendant. Plus l'opération avance, plus s'accroît cette difficulté, par l'épaississement même de la masse; aussi la mousse qui se forme à la surface du sirop de betterave vers les 86° Réaumur (c'est à dire pour ceux qui sont chauffés à feu nu) en est-elle une conséquence inévitable. *Ce n'est donc que la haute température de l'air, contenu intérieurement dans les sirops à l'époque de l'évaporation et de la cuite, qui occasione cette décomposition du sucre*, l'air extérieur ou l'air à une température moyenne n'ayant aucune influence nuisible dans ce cas; c'est ce que nous allons démontrer dans un instant. Ceci explique parfaitement les bons effets de l'appareil Kneller, qui insuffle constamment de l'air frais dans les sirops et qui le renouvelle sans cesse; une longue pratique m'a permis d'en apprécier tous les avantages; mais, comme première condition de son emploi, il exige des sirops d'une pureté parfaite.

On a fait beaucoup de conjectures oiseuses sur

l'effet que produit le rayonnement de la flamme ; c'est une singulière manie que de vouloir expliquer à tout hasard le côté vague de la science et justifier à tout prix les vices accrédités de la manipulation. Il est pourtant bien facile de démontrer l'absurdité d'une telle hypothèse : que l'on expose à l'action du feu un cylindre contenant une dissolution de sucre pur, chauffé par le bas et constamment tournant sur son axe ; toute la masse grenera et produira des cristaux bien prononcés et divisés, sans aucune trace de mélasse, *parfaitement blancs et très secs;* c'est une preuve incontestable que l'air à la température moyenne, c'est à dire au dessous de 60° Réaumur, n'altère point la substance sucrée pendant la durée de la concentration ; ceci prouve aussi que les appareils *perfectionnés* à vapeurs comprimées et fonctionnant sous la pression de la colonne atmosphérique ne diminuent le mal qu'en partie.

Ainsi, les deux conditions essentielles au succès de l'évaporation du jus et de la cuite des sirops sont *une bonne température et le plus court espace de temps possible.* Pour satisfaire à ces deux exigences, je vais donner ici la description d'un appareil fort simple, à évaporation continue, et à la vapeur sans pression ; c'est un plan incliné, construit par moi depuis long-temps, sur l'idée primitive de M. de Dombasle ; il n'a pu être introduit, jusqu'ici, dans les autres sucreries, en Russie, à cause d'un brevet d'invention délivré à M. Scirmunt, pour un appareil à peu près semblable, quant à la forme ; mais son propriétaire, ayant reconnu la supériorité du mien (et j'en ai même fait construire un pour lui, chez moi, cette année, d'après sa demande), a eu la délicatesse de me concéder la moitié des droits que lui assure son privilége. Aussi, dès le printemps de l'année passée, je fis insérer dans un journal russe, intitulé *l'Observateur de Moscou*, un mémoire sur mon plan incliné, avec un dessin détaillé. Au mois de mars de l'année courante, je trouvai, dans les feuilles publiques, un article mentionnant un appareil breveté en France, et construit sur les mêmes principes. Loin d'élever des prétentions déplacées, et ignorant surtout en quoi cet appareil peut différer du mien, je me borne à décrire ici le plan incliné exécuté par moi.

NOUVEL APPAREIL A ÉVAPORATION RAPIDE ET CONTINUE, A LA VAPEUR, SANS PRESSION.

Les résultats que M. Mathieu de Dombasle a obtenus en présence de M. Braconnot, avec un petit appareil semblable au mien, parlent trop en sa faveur pour que j'en fasse valoir encore les avantages. Il suffira de rappeler que M. de Dombasle a retiré d'un jus déféqué simplement à la chaux des produits égalant en beauté le plus beau sucre en pains avant son terrage; les eaux-mères fournirent aussi une cristallisation abondante, qui ne cédait que bien peu en beauté aux produits obtenus de premier jet; les seconds sirops cristallisèrent spontanément jusqu'à la dernière goutte : *par conséquent, plus de mélasses.*

La non-réussite qu'éprouva M. de Dombasle dans

la construction d'un plan incliné en grand a eu pour causes 1° la difficulté d'assujettir et de maintenir de niveau dans toutes ses parties une surface plane d'une aussi grande étendue et de répartir le jus également sur elle ; et 2°, à l'époque où M. de Dombasle faisait cette tentative, la théorie de la vapeur était encore dans toute son enfance ; aussi cet homme célèbre tomba-t-il dans une grave erreur en appliquant à deux de ses plans (qui présentaient une surface de 120 pieds carrés) une chaudière à vapeur de la plus petite dimension, tandis que la surface de chauffe de la chaudière à vapeur (c'est à dire si les vapeurs ne sont point comprimées, ce qui ne peut avoir lieu avec une feuille métallique plane d'une très faible force) *doit égaler à peu près la surface évaporante de l'appareil.*

La fig. 1ʳᵉ de la pl. I représente le plan de l'appareil ; la fig. 2, la vue d'un de ses côtés ; la fig. 3, la coupe de la fig. 1ʳᵉ, sur la ligne $z z$ et sur une échelle plus grande ; la fig. 4 et 4 *bis*, le réservoir à becs, vu par devant et sur son petit côté ; et la fig. 5, l'étui pour recevoir un aréomètre plongeant dans le sirop ; les mêmes lettres se rapportent aux mêmes parties pour toutes les figures.

A, réservoir à jus déféqué, dominant l'appareil ; a, son robinet à flotteur ; b, un indicateur en verre. B, réservoir intermédiaire ; c, flotteur ; d, d, d, petits robinets régulateurs pour l'écoulement du jus ; C, entonnoir soudé à un tube métallique e d'un petit diamètre et d'une longueur indéterminée ; il plonge presque jusqu'au fond du réservoir à becs D. Le réservoir D sert, au moyen de ses becs, à déverser également le jus sur l'appareil ; il faut donc que la planchette métallique *f*, qui forme un des côtés de ce réservoir, soit moins élevée que ses deux côtés latéraux *g*, *g*, et que son côté de derrière *h*, *h*; et que sur la ligne *i*, *i*, qui représente l'horizon auquel doit monter le jus dans le réservoir D, la planchette *f* soit percée de petites ouvertures oblongues *k*, *k*, *k*, bien de niveau entre elles ; ou bien que la partie supérieure de la planchette *f* soit recourbée en avant et recouverte d'une bande de plomb laminé, afin de bien niveler sa surface au marteau de bois ; ce second moyen est même plus simple que le premier. Au dessous des ouvertures *k*, *k*, *k*, ou bien à la suite de la courbe dont nous venons de parler, sont soudés les petits becs *l*, *l*, *l*, faits d'une seule bandelette de cuivre mince étamé. Pour former ces becs, on découpe la bandelette de cuivre jusqu'à la moitié de sa largeur, en petites raies bien égales, et l'on façonne ensuite chaque petit bec au marteau de fer, en plaçant le morceau découpé dans une entaillure faite dans une pièce de bois. Les becs *l*, *l*, *l* correspondent aux rigoles de l'appareil dont nous parlerons tout à l'heure.

Il est avantageux que le jus (surtout celui qui provient de la défécation faite à froid) ait déjà acquis une certaine température (à peu près 60 à 65° Réaumur) avant de se répandre sur l'appareil ; l'on y parvient soit en le chauffant dans le réservoir A, au moyen d'un serpentin, qui communique directement avec la chaudière à vapeur, soit en élevant sa température dans le petit réservoir D, au moyen d'un chauffe-jus E ; et, dans ce cas, l'on utilise la vapeur

excédante de l'appareil; par conséquent, le chauffe-
jus communique avec le plan incliné, et on lui donne,
dans le réservoir D, une pente légère vers un tuyau
de dégorgement E, que l'on conduit en dehors du
bâtiment. Il vaut bien mieux encore avoir pour
chauffe-jus un petit réservoir séparé, au dessus du
réservoir à becs D, afin de rompre les courans qui
s'y forment par la pression qu'exerce sur lui le réservoir supérieur. Pour obvier encore à cet inconvénient, l'on soude intérieurement dans toute la longueur du réservoir à becs D, et parallèlement à ses
côtés les plus longs, deux bandes métalliques, dont
l'une, c'est à dire celle qui se rapproche le plus du
côté de derrière h, h, est soudée hermétiquement au
fond et aux côtés latéraux g, g, et ne doit pas atteindre jusqu'à la partie supérieure du réservoir; l'autre,
tout au contraire, plus élevée que le niveau i, i, livre
passage au liquide par sa partie inférieure dans toute
la longueur de la caisse. De cette manière, le petit
tube e), qui amène le jus, vient plonger presque jusqu'au fond du compartiment de derrière; le liquide,
se trouvant alors obligé de monter, perd déjà en partie
la force qui lui est imprimée; puis il se déverse dans
le compartiment du milieu, et quand il atteint dans
celui de devant jusqu'au niveau i, i, les courans sont
rompus et la pression n'est nullement sensible. J'ai
cru inutile de présenter cette combinaison dans le
dessin; mais les explications que j'en donne ne paraî-
tront pas superflues, puisque c'est d'elles que dépend
la marche régulière de l'appareil. — γ) robinets de
vidange du réservoir D et du chauffe-jus.

L'appareil, proprement dit, où le plan incliné, se

compose d'une planche supérieure F, de son fond G, de cloisons intérieures H, H, du tuyau de conduite de la vapeur J, et de quelques détails dont nous allons nous occuper. La planche supérieure F est formée de deux ou trois feuilles minces de cuivre laminé, étamées, rivées et soudées ensemble. Cette planche est représentée sur le dessin de 5 mètres de long, et cette longueur est suffisante à la rigueur; mais il vaudrait mieux lui en donner une de 6 mètres; sa largeur est un peu plus d'un mètre : telles sont, du moins pour leur largeur, les feuilles de cuivre laminé qui ont 2 mètres 136 de longueur en Russie. Le cuivre dont je me sers pour ces plans inclinés pèse 7 kil. 17 par mètre carré.

Afin de consolider une surface aussi grande et répartir le jus également sur elle, l'on soude *de champ*, dans toute la longueur de la planche supérieure F, *des rainures* ou bandelettes *m*, *m*, *m*, découpées du même cuivre étamé, et dont la hauteur est égale à peu près à l'écartement des rainures entre elles : les rainures *m*, *m*, *m* forment ainsi des rigoles, qui reçoivent les becs *l*, *l*, *l* du réservoir D; il y en a 70 à 90 sur la largeur de 1 mètre; il n'y a que les deux rainures de côté *n*, *n*, et celle qui se trouve en tête de l'appareil, qui soient d'une hauteur double. Au moyen de toutes ces rainures, la planche F se trouve si bien nivelée et consolidée dans toute sa longueur, qu'elle supporte facilement le poids de deux hommes, qui peuvent même marcher sur elle; mais il faut encore l'empêcher de plier dans l'autre sens : c'est pourquoi l'on soude à la surface opposée, et dans la largeur de la planche F, de

minces barreaux de fer étamé o, o, à la distance
de o mètre 175 environ l'un de l'autre; on resserre
seulement, de chaque côté de la planche, un espace
large de 33 millimètres qui correspond à la ligne sur
laquelle sont soudées les rainures n, n, cet espace est
ménagé pour y ajuster le fond de l'appareil. Les barreaux o, o, o ont encore une autre destination, celle
de former des compartimens, pour tirer le plus grand
parti de la vapeur, que l'on fait circuler sous la planche F. Ces compartimens sont formés de cloisons métalliques H, H, soudées aux barreaux o, o, o, et dans
lesquelles on laisse des ouvertures L, L, L, d'une
grandeur convenable, pour le passage de la vapeur.
Chaque deux de ces cloisons sont recouvertes de leur
propre fond; et tous ces fonds réunis forment la
voûte G de l'appareil; mais, comme il serait impossible de souder intérieurement les cloisons H, H aux
barreaux de fer o, o, o et au fond G, voici comme
on s'y prend : de deux cloisons et de leur propre
fond, on construit une boîte parfaitement soudée,
que l'on fait entrer intérieurement entre deux barreaux o, o, auxquels on la soude, en repliant sur les
deux bords de la planche F le couvercle renversé
de la boîte, que l'on y soude aussi; puis on saute un
compartiment, pour placer, entre les barreaux du
compartiment suivant, une seconde boîte, et ainsi de
suite; après cela, on recouvre d'un fond particulier
les compartimens abandonnés, en le soudant aux
deux boîtes adjacentes, ainsi qu'aux bords de la
planche supérieure; les deux bouts ou les deux extrémités de la voûte inférieure de l'appareil se trouvent terminés par deux boîtes closes, qui donnent

pôurtant entrée et issue à la vapeur, au moyen de deux tuyaux de conduite J, J.

L'un de ces tuyaux s'ajuste au chauffe-jus E, et l'autre communique directement avec la chaudière; le diamètre de ce dernier doit être calculé de manière à présenter *un millième de la surface carrée de chauffe de la chaudière à vapeur;* mais, comme il est indispensable de porter la vapeur à la température de 80° R., l'on y parvient en plaçant dans le tuyau P, communiquant avec la chaudière, un robinet *p*, dont la clef est une ouverture égale à la capacité prescrite pour le tuyau; l'on tourne cette clef, jusqu'à ce qu'un jet d'eau se manifeste par le tube de sûreté, qui est de rigueur; et c'est là dessus qu'on règle l'ouverture du robinet, afin de maintenir la température voulue, sans danger pour l'appareil. C'est pourquoi il est impossible de réunir à une seule chaudière plusieurs plans inclinés; on ne pourrait plus alors régler la température de la vapeur, et la porter également, pour tous, à 80° R., *condition inévitable.* La chaudière à vapeur peut être construite en fer de tôle très faible; car elle n'a pas de pression à supporter.

Le plan incliné se trouve terminé par une large gouttière M, au tuyau de sortie de laquelle l'on voit un étui mobile N, qui reçoit un aréomètre O, plongeant dans le sirop, qui s'y rend par le fond, et qui, ayant remonté ensuite jusqu'au bord supérieur, se déverse dans la petite boîte *r*, d'où on le reçoit, au moyen de son bec *s*, dans un vase quelconque, ou bien d'où on le conduit dans un réservoir éloigné.

Dans chaque compartiment de la voûte inférieure G, se trouve une petite ouverture *t*, à laquelle est soudé un petit tube; tous ces tubes *u, u, u* sont joints à un tuyau général P, qui sert de retour d'eau; l'on donne à ce tuyau *P* une pente inverse à celle qui suit le plan incliné, afin d'intercepter toute communication entre les compartimens; au moyen de l'eau de condensation, la ligne *v, v* représente l'horizon. L'un des bouts du tuyau P tombe dans un entonnoir placé à la partie supérieure du tube de sûreté de la chaudière à vapeur, et l'autre est terminé par un robinet *x*, afin de faciliter la vidange du retour d'eau.

La pente à donner au plan incliné est de 4 centimètres pour chaque mètre de sa longueur; mais, pour ne pas dépendre de cette pente, il est avantageux de faire un ajustage à moufles au tuyau J sortant de la chaudière, ainsi qu'à celui qui va rejoindre le chauffe-jus E; de cette manière, l'appareil peut être mobile. On le dispose sur les bords de deux planches placées sur leur petit côté; et ce sont elles qu'on soulève ou qu'on abaisse à volonté avec tout l'appareil, sans arrêter l'opération pour cela.

La marche de l'appareil est tellement simple, qu'elle n'exige point d'explication. Il me suffira de dire qu'un plan incliné, d'une dimension telle que celle qui figure sur le dessin, peut faire passer 4 litres par minute de jus marquant; 2° de densité à la température de 70° R., et concentrer jusqu'à 25° au moins; le jus ne met pas moins de deux minutes à parcourir le plan incliné, et la température à la surface extérieure *ne dépasse jamais* 72° R. On pourrait obtenir facilement une densité plus grande dans le même espace de temps; il n'y aurait, pour cela, qu'à diminuer un peu l'ouverture des petits robinets du réservoir intermédiaire B ; mais cela serait alors aux dépens du combustible, et l'on doit d'ailleurs s'arrêter aux 25° de densité du sirop, si l'on veut lui faire subir une décoloration par une filtration par le charbon. Je me suis assuré aussi qu'une ventilation produite au dessus de la planche supérieure F augmente de suite de 4 à 5 degrés la densité du sirop, ou, ce qui est la même chose, l'on peut faire passer alors un litre de plus par minute. Je me propose même, pour la campagne prochaine, de recouvrir mes plans inclinés d'une voûte en fer de tôle très mince, recouverte intérieurement d'une couche d'huile, et qui aura plusieurs tuyaux d'aspiration qui viendront aboutir à un tuyau général, à l'extrémité duquel on placera un ventilateur fonctionnant rapidement ; je suis porté à croire qu'un système semblable doublera l'effet évaporant de l'appareil.

N'admettons pourtant pour nos calculs que 5 litres d'écoulement par minute et ne comptons que sur 22 heures de travail par jour, l'on fera passer par conséquent, dans cet espace de temps, 66 hectolitres de jus, ce qui représente 78 quintaux métriques de betterave par jour, puisque l'on obtient, par le lavage de la pulpe à froid, un peu plus de 90 litres de jus par chaque 100 kilogrammes de racines.

Le prix d'un plan incliné comme celui que nous venons de décrire, avec sa chaudière à vapeur et y compris l'indemnité pour le possesseur du brevet, ne dépasse pas, en Russie, la somme modique de 1,500 francs. Pour la France, portons ce chiffre à 2,000 francs ; et, calculant sur une exploitation journalière de 146 quintaux métriques de betterave ou

132 hectolitres de jus, comparons maintenant le prix du plan incliné à la valeur des appareils perfectionnés que l'on y construit. Pour fabriquer cette quantité de racine par jour, il faut avoir trois plans inclinés semblables, dont deux pour aller de 2° jusqu'à 25° de densité et un troisième pour concentrer de 25 à 40 ou 41°; mais, comme le sirop, tombant en petit filet à sa sortie du plan incliné, est trop froid pour l'emploi des formes (à moins qu'on ne le fasse cristalliser à l'étuve), il faut ajouter, au prix des trois appareils, celui d'un *chauffoir* à la vapeur, quoiqu'à la rigueur ce chauffoir ne coûterait qu'un peu plus qu'un rafraichissoir ordinaire; ainsi nous porterons la somme à . . . . 6,300 francs.

Pour une exploitation pareille, l'appareil Degrand vaut, d'après sa propre estimation. 15,700

Celui de Roth. 25,000

Celui de Brame-Chevalier . . . 50,000

Indépendamment de l'avantage extrême qu'offre déjà la valeur comparative des appareils, le plan incliné a encore sur eux plus d'une supériorité remarquable : 1° il est d'un abord et d'un nettoyage faciles (ce nettoyage s'exécute au moyen d'une brosse mouillée, sans interrompre l'évaporation); 2° il sert, pour ainsi dire, de moyen de clarification, car tous les corps étrangers au sucre se déposent d'eux-mêmes, à mesure qu'avance la concentration du sirop; 3° la dissolution de sucre n'est exposée qu'à la température de 72° Réaumur, et chaque partie de cette solution ne se trouve en contact avec cette chaleur que l'espace de trois minutes en tout; et 4°, si l'on entretient le feu sous la chaudière avec quelque soin, la marche du plan incliné est tellement régulière qu'elle ne varie pas plus d'un degré pour la densité des sirops ; ainsi, une fois réglé, l'on peut fermer à clef la pièce où il se trouve placé et l'abandonner à lui-même pour tout le temps qu'il y aura du jus dans le réservoir supérieur A. De cette manière, on se met à l'abri de la négligence des ouvriers (1).

Pour atteindre enfin aux limites des perfectionnements dont est susceptible la fabrication du sucre indigène, nous aurons maintenant à examiner les conditions indispensables pour retirer *tout le jus* (à peu de chose près) contenu dans la betterave, par le procédé du lavage de sa pulpe au moyen de l'eau froide.

---

(1) Le plan incliné peut aussi bien servir à la distillation continue des liquides spiritueux ; il surpasserait même, en célérité, tous les appareils connus, jusqu'à présent, par leur avantage sous ce rapport. La distillation pouvait s'opérer de deux manières : 1° en recouvrant l'appareil d'une voûte fermée et en formant des cloisons dans cette voûte, avec un réfrigérant particulier, pour un ou plusieurs de ces compartimens ensemble ; ou bien, 2° en faisant circuler les vapeurs alcooliques par tous les compartimens intérieurs et les condensant, plus ou moins, par une nappe d'eau qu'on ferait couler sur la planche supérieure : alors les petits tubes, sortant du fond de l'appareil, peuvent être réunis par groupes et former ainsi des récipiens particuliers, pour les différens titres d'esprit de vin.

DU LESSIVAGE DE LA PULPE DE BETTERAVE A L'EAU FROIDE.

N'ayant jamais pratiqué la macération à l'eau froide de petites bandelettes de betterave, je ne me permets pas d'en parler ; mais, comme j'ai beaucoup travaillé sur des tranches minces de cette racine, j'ai tous les motifs pour croire que l'épuisement de ces bandelettes ou rubans s'exécuterait très simplement et avec succès en les faisant macérer dans de l'eau acidulée de 4 grammes d'acide sulfurique par chaque litre de jus que contient la betterave : je me bornerai, par conséquent, à décrire le lavage de la pulpe.

J'acidifiai primitivement l'eau et le jus de lavage dans chaque cuvier de macération ; j'ai reconnu depuis que l'on peut très bien ne se servir que d'eau pure pour cela, sans avoir aucun risque à courir. Quelques propriétaires de sucreries, qui travaillaient, l'année dernière, d'après ma méthode, avaient cru bien faire en saupoudrant la pulpe de chaux : l'on appréciera, par ce que nous avons dit sur cet agent, combien son effet est contraire à l'extraction du jus de betterave, puisqu'il fait crisper la pulpe en resserrant le tissu cellulaire ; et combien son action est pernicieuse au sucre.

La condition la plus essentielle à observer dans le lessivage de la pulpe (qu'elle soit acidifiée, ou saupoudrée de chaux, ou simplement lavée à l'eau pure), c'est de hâter, autant que possible, son entier épuisement et de prévenir par là toute altération ; mais comme, pour obtenir *un lavage régulier et complet*, il faut modérer l'écoulement du liquide (ce soutirage étant toujours *en raison directe de l'épaisseur de la couche* de la pulpe qui entre dans un cuvier), et comme cette épaisseur de couche est déterminée par la pratique *et ne peut jamais varier*, il n'y a donc que les cuviers de dimension moyenne qui conviennent pour cela. Ceux dont on s'est servi avec succès en Russie, dans le courant de la dernière campagne, avaient à peu près 1^m,156 de diamètre intérieur et contenaient, pour une couche déterminée, 250 kilomètres de pulpe. Il y a même plus d'avantage à ne construire les cuviers que de 0^m,933 de diamètre intérieur, c'est à dire pour la contenance de 150 à 160 kilomètres de pulpe : la pulpe y séjournera moins de temps, et ils dépasseront même les premiers en besogne ; c'est ce que je vais prouver en citant des expériences suivies pendant plusieurs mois. Avec des cuves de 1^m,425 de diamètre intérieur, ou de la contenance de 327 kilomètres de pulpe, je n'ai jamais pu obtenir plus de huit opérations par vingt-quatre heures de travail ; car il m'était impossible d'ouvrir le robinet d'écoulement en proportion de la charge de pulpe : la pression exercée sur elle détruisait la régularité de la filtration, et le liquide se frayait un passage par un seul endroit ; tandis qu'avec des cuviers de 1^m,155 de diamètre, ou de la capacité de 250 kilog. de pulpe, je pouvais faire vingt-deux opérations dans ce même espace de temps. Par conséquent, les plus grands expédiaient 2,616 kilogrammes de betterave par jour et les plus petits 5,500 : l'altération se manifeste aussi bien plus vite dans les premiers, ce qui est facile à concevoir; tandis qu'avec les plus petits cuviers, c'est à dire de 0^m,933 de diamètre, elle n'aura jamais lieu, et nous indiquerons tout à l'heure le moyen pour l'éviter à jamais.

Les cuviers de macération, ainsi que les réservoirs à jus et autres vases en bois, ne sont point doublés, mais simplement recouverts d'un mastic de plomb et puis d'une couche de couleur à l'huile de lin, de même que les couvercles des cuviers. La couche de pulpe qui entre dans un cuvier, grand ou petit, *ne peut dépasser pour son épaisseur* 2^{décim},66, et il n'y aurait pas d'avantage à la diminuer. La profondeur des cuviers est de 6,5 à 7 décimètres : la pulpe et le liquide occupent environ 4^{déc},5 de hauteur; le reste de la place est pour le couvercle et pour le liquide qui doit se trouver au dessus. Le couvercle est percé de trous; on le fait entrer en comprimant un peu la pulpe, et il repose sur cinq petits supports en bois, fixés à demeure aux douves de la cuve, *un peu au dessous* de la ligne à laquelle doit monter la pulpe en s'élevant au dessus du liquide. Le couvercle est maintenu dans sa position par autant de tourniquets en bois qu'il y a de supports; il ne faut pas que la couche de liquide qui se trouve au dessus du couvercle ait plus de 4 à 5 centimètres de hauteur. Le fond de chaque cuve de macération a intérieurement une pente de 4 à 5 centimètres au moins, vers son robinet d'écoulement; il n'est plus nécessaire d'employer un double fond comme cela se pratiquait autrefois, et c'est à M. le comte Alexis Bobrinsky qu'on doit cette simplification : l'on dispose, en travers de l'ouverture intérieure du robinet du fond, une poignée de paille droite et serrée, que l'on assujettit par deux tringles mobiles en bois, dont un bout vient s'appuyer à la paroi de la cuve et l'autre à son fond (voy. Pl. II); pour les maintenir, il y a deux autres traverses, l'une fixée à la paroi de la cuve, à la hauteur de 1 décimètre et plus du fond, et l'autre au fond même, à la distance de 1$^{déc.}$,5 de l'ouverture intérieure du robinet : l'écartement des tringles entre elles est aussi de 1,5 à 2 décimètres.

Huit cuves à la suite les unes des autres forment une série : six ou sept pourraient même suffire à la rigueur; mais il vaut mieux en avoir une ou deux de plus que cela n'est nécessaire, puisque l'une des cuves attend sa charge de pulpe, et l'on débarrasse une autre de son eau de lavage et de sa pulpe épuisée. Les cuves d'une série sont élevées les unes au dessus des autres à la hauteur de 1$^{déc.}$,33; la dernière envoie le jus, qui n'est pas encore arrivé au degré voulu, au moyen d'une dalle, dans un petit baquet placé au dessous de la cuve qui se trouve en tête de la série : une petite pompe fixe aspire le jus du baquet pour le fournir à la cuve en tête; et c'est ainsi que se forme la chaîne pour chaque série séparément. La série est confiée à un ouvrier en chef : il soigne le chargement des cuviers, observe la marche de la filtration en consultant l'aréomètre, prévient les accidents, reçoit dans *un réservoir particulier* (et qui par cela même sert de moyen de vérification pour sa besogne) le nombre de litres qui doit provenir de la dernière macération, sans que le jus faiblisse en degré de densité; en un mot, c'est lui qui répond du succès de la macération. Pour le service des cuviers, il y a un échafaudage tout autour.

Au dessus de deux séries se trouve un tuyau avec quelques robinets, pour distribuer l'eau (qui arrive par lui d'un grand réservoir supérieur et commun) à telle ou telle autre cuve, au moyen d'un tube d'ajustage, quand le besoin se présente. De même, chaque série de cuviers a sa propre dalle à jus; elle aboutit au réservoir *particulier*, *placé à la suite de la cuve inférieure*, à 3 décimètres plus bas qu'elle; de manière que la dalle à jus, qui suit parallèlement l'abaissement progressif de la série, peut servir à chaque cuvier, puisqu'elle se trouve placée à $1^{déc}$,66 plus bas que leurs bords supérieurs. Il y a une seconde dalle à la même hauteur que la première, mais qui suit une pente inverse, car c'est par elle que le jus pas complètement saturé de la substance sucrée dans la cuve inférieure se rend au petit baquet, placé au dessous du cuvier en tête de la série. En outre, pour les eaux de lavage, il y a une troisième dalle, commune à deux séries; celle-ci est placée plus bas que le fond du cuvier inférieur et débouche en dehors du bâtiment.

Sur le robinet du fond de chaque cuve de macération, hors la dernière, s'ajuste un tuyau que l'on peut enlever à volonté (quand on veut, par exemple, débarrasser un cuvier de son eau de lavage); il sert de moyen de communication pour la cuve plus élevée avec celle qui la suit, et c'est par lui aussi qu'on fait couler le jus dans le réservoir particulier ou dans le petit baquet, en ajustant, à sa partie supérieure, un petit tube recourbé, qui doit être assez long pour atteindre jusqu'à l'une et l'autre dalle.

Si l'épuration et la décoloration des sirops dépend entièrement de la manière d'arranger le noir dans les filtres à grains de charbon, et que la moindre négligence dans les conditions à remplir en paralyse l'effet, il en est de même pour le lavage de la pulpe de betterave : un cuvier mal chargé, ou le moindre écart dans les règles déterminées par l'expérience, détruisent la régularité de la filtration ; une partie plus ou moins grande de la matière sucrée est alors perdue pour la fabrication : ces règles sont pourtant bien simples dans leur exécution, mais très importantes à observer.

Il vaut mieux employer, pour la macération, un peu plus d'eau que cela n'est rigoureusement nécessaire. Chaque quintal métrique de pulpe contenant à peu près 96 ° ou 91 litres de jus, par conséquent 120 à 130 litres d'eau ou de jus non saturé pour 100 kilogrammes de pulpe se trouveront en proportions convenables. Nous allons calculer notre travail sur des cuviers de 0^m,933 de diamètre intérieur, donc pour la contenance de 160 kilogrammes de pulpe (1). D'abord, l'on assujettit, en travers de l'ouverture intérieure du robinet du fond, la poignée de paille droite,

---

(1) Comme la pulpe n'occupe dans la cuve que 2° 66 de hauteur, il sera inutile de la peser ; une simple raie en couleur supplée à tout l'embarras des balances.

et assez fortement serrée par les tringles mobiles en bois ; puis on apporte dans des baquets la pulpe, que l'on divise et que l'on étend sur le fond de la cuve le plus également possible, en se servant, pour cela, de râteaux courts en bois. Si l'on faisait couler sur la pulpe, au moment du chargement de la cuve ou même après l'avoir terminé, l'eau du réservoir supérieur ou bien le jus de la cuve précédente, par son tube de communication, le liquide se ferait passage par un seul endroit, gagnerait bientôt le fond du cuvier et souleverait la pulpe, plus légère que l'eau et que le jus ; alors il n'y aurait plus moyen de mélanger parfaitement la pulpe avec le liquide, ce qui, en affaiblissant le degré du jus de macération, suppose déjà un plus grand nombre de cuviers et, partant de là, une augmentation de temps et autant de causes d'altération. Pour éviter cet inconvénient très grave, je me sers (pour recevoir l'eau du réservoir ou le jus de la cuve précédente) d'un demi-cylindre ou espèce d'auge en fer-blanc, fermé aux deux extrémités, consolidé par des arcs en fer qui sont soudés à sa surface extérieure, et portant à ses bouts deux axes en fer qui reposent sur les bords de la cuve : ces demi-cylindres sont de la capacité de 40 à 50 litres ; pour une série, il n'en faut qu'un. Une fois rempli, on fait basculer rapidement ce demi-cylindre, et l'on répète cette opération autant de fois que cela est nécessaire pour avoir les 200 litres de liquide, qui reste au dessus de la pulpe et qui la tasse par son propre poids. On enlève le demi-cylindre de dessus la cuve, *et ce n'est qu'alors seulement* qu'on prend les râteaux et qu'on

soulève légèrement *et toujours progressivement* la
pulpe, en promenant le râteau sur sa surface. De cette
manière, on arrive jusqu'au fond, entre lequel et la
pulpe il y aura un espace de 5 centimètres environ
occupé par le liquide dans la partie la plus élevée du
fond : il faut tâcher de ne pas déranger la paille, et
il vaudrait même mieux laisser un peu de pulpe tout
autour. Quand la presque totalité de pulpe est sou-
levée, on brasse fortement la masse, en ramenant
le râteau du fond de la cuve à la surface. Enfin on
pose le couvercle sur les supports, on l'assujettit avec
les tourniquets, et l'on calfeutre tout autour avec des
étoupes, pour empêcher le liquide de glisser par les
parois de la cuve. Cela fait, on laisse couler sur le
couvercle l'eau du réservoir supérieur ou le jus de
la cuve précédente à la hauteur de 4 à 6 centimètres;
mais on a toujours soin de ne tourner le robinet du
fond qu'avec précaution, afin de ne pas causer de choc
et de régler son ouverture de manière à obtenir 6 à
7 litres d'écoulement par minute. Il faut consulter
de temps à autre l'aréomètre pour toutes les cuves
d'une série : s'il arrivait que l'affaiblissement du jus
ne fût pas progressif ou que le degré tombât subitement, c'est une preuve que l'écoulement a été trop
brusque ou trop fort, et que le liquide s'est fait jour
par un seul endroit. Dans ce cas, on arrête l'opération
pour toute la série; on ôte le tube de communication pour soutirer avec précaution, par le robinet du
fond, tout le liquide surnageant au dessus du couvercle
de la cuve en défaut; on enlève ensuite le couvercle
et l'on mélange parfaitement la masse, comme il a

été dit ci-dessus; puis on recommence l'opération.
Ces accidents ne se présentent pourtant que fort rarement, ou même point du tout, et un ouvrier un peu
attentif acquiert bientôt l'habitude de diriger la macération et ne peut rester en retard de ses compagnons,
car le chargement des cuviers et le soutirage du jus
arrivent à tour de rôle.

La densité du jus que l'on soutire pour l'envoyer à
la défécation ne doit être plus faible que d'un quart,
ou, tout au plus, d'un demi-degré, comparativement
au jus exprimé; et cela encore parce que celui-là est
moins chargé de matières étrangères. Nous aurons
donc à soutirer, pour chaque cuvier, 140 à 144 litres
de jus, au degré approchant de celui de la betterave
et sans varier dans sa densité; alors la presque totalité de la substance sucrée que contient la betterave
lui est enlevée par la macération.

En travaillant à l'eau pure, il semblerait que l'on a
toujours à redouter l'altération subite du jus de betterave; j'ai essayé pourtant d'abandonner la pulpe au
repos, pendant les nuits, et ne reprenant le travail
que le lendemain matin, sans que l'altération se ma-
nifestât pendant trois jours; au quatrième, elle fut
sensible; néanmoins j'ai obtenu des produits très
passables du travail de la cinquième journée. L'indice
le plus certain pour reconnaître l'altération qui se
développe petit à petit, c'est quand le jus provenant
de la filtration à l'eau pure, de brun et louche qu'il
était, devient plus transparent et moins foncé : il
est certain alors qu'il s'est formé un acide qui coagule
en partie l'albumine. Quelque accélérés que soient

d'ailleurs les reviremens de la macération, la pru-
dence exige de prévenir la plus légère altération du
jus ; l'on y parvient facilement *en retirant chaque*
jour, ou même de deux jours l'un, et à tour de
rôle, tout le jus de chaque série, jusqu'à la densité
de 2 à 4°, que l'on peut négliger, puisque, avec le
revirement de trente cuviers seulement par jour,
toute la perte ne serait que d'un soixantième ou d'un
cent-vingtième. D'un autre côté, pour ne pas trop
affaiblir le degré du jus envoyé à la défécation, l'on
procédera à l'épuisement de chaque série à différentes
époques du jour et alternativement avec les autres.
Ainsi, supposons quatre séries de cuves et le jus de
betterave marquant 8°, le degré moyen dans le réservoir général ou avale-tout ne descendra jamais
au dessous de 7°, et cela encore à l'époque où l'on
épuisera la série ; ce faible surcroît d'eau à évaporer,
pendant une partie de la journée seulement, ne peut
être considéré comme un obstacle, d'autant plus que
ce mode de travail procure toute sécurité. D'ailleurs,
l'épuisement complet d'une série n'interrompt point
la continuité des travaux, puisque, à mesure que les
cuviers se trouvent débarrassés de la pulpe épaissie,
on les charge de suite de pulpe fraîche et l'on obtient
de nouveau le degré voulu à la dernière cuve. Toutes
les fois qu'une cuve sera libre, on aura soin de la
bien rincer à l'eau fraîche. Un travail continu est
toujours préférable dans la fabrication du sucre de
betterave ; mais, pour le lavage de la pulpe, il
devient presque indispensable.

Les produits bruts que j'ai obtenus, l'année passée,

de la betterave, très altérée par le lavage de la pulpe à l'eau pure et sans forcer la dose du noir, à l'aide de mes plans inclinés (après lesquels j'achevai la concentration du sirop dans un cylindre tournant), avaient la blancheur de la neige et offraient l'aspect du sucre en pain, par le rapprochement compacte de leurs cristaux; mais, comme les sirops n'avaient point subi l'action violente du feu, la saveur de ce sucre était moins douce, sans avoir nullement ce goût désagréable dont parle M. de Dombasle; les eaux-mères étaient de la couleur d'un jeune vin de Sauterne et conservaient même l'odeur de l'huile essentielle de la betterave, ce qui prouve bien que le sirop n'avait éprouvé aucune altération par ce mode de fabrication.

J'ai omis de parler du lavage de la pulpe au moyen de l'eau acidulée, parce que j'y ai renoncé; mais, comme il se peut que quelques fabricans lui donnent la préférence, il me suffira de dire que j'employais, dans chaque cuve et pour chaque litre de jus contenu dans la pulpe, 2 à 2 grammes et demi d'acide sulfurique à 67°, étendu de quinze à vingt fois son volume d'eau, que je laissai refroidir; ou bien 4 à 5 grammes de sulfate d'alumine ou de sulfate de zinc en dissolution, que j'ajoutai, par portion convenable, au liquide contenu dans mes demi-cylindres. Pour tout le reste, le travail se faisait comme dans la macération à l'eau pure. A l'article *Défécation*, nous reviendrons sur ce procédé.

La planche II représente deux combinaisons pour le placement des cuviers de macération.

DE LA DÉFÉCATION A FROID.

De toutes les opérations de la fabrication du sucre de betterave, c'est certainement la plus importante. La défécation pratiquée à chaud donne lieu à de graves inconvéniens, par les raisons que nous avons déjà fait valoir. On ne saurait pourtant le répéter assez : la circonstance la plus fâcheuse est l'action d'une haute température sur le gluten tenu en dissolution dans le jus de betterave ; il est indispensable d'empêcher encore à froid sa combinaison intime avec le sucre. D'un autre côté, la réaction de la chaux sur une faible solution de sucre est bien plus pernicieuse par l'effet d'une chaleur élevée ; et comme ce n'est qu'un alcali qui puisse éliminer à froid le gluten, par conséquent une défécation opérée sans le secours du feu ou de la vapeur est la seule rationnelle ; si, enfin, elle produit encore quelque mal à cause de la chaux employée en petit excès et dans la proportion rigoureusement indispensable, c'est déjà une circonstance indépendante du manipulateur.

Je tiens infiniment à n'employer, dans la défécation, que le moins d'agens possible, et à éviter surtout ceux dont l'action est violente ; c'est pourquoi je voudrais, dans la défécation à froid du jus provenant du lavage de la pulpe à l'eau pure, pouvoir me passer d'acide sulfurique et me borner à l'emploi de la chaux seule. Je n'ose pourtant affirmer que cela soit possible, puisqu'à l'époque où j'entrepris, l'année passée, la macération sans acidifier l'eau,

ma betterave se trouvait dans un tel état de détério-
ration, que son jus ne se prêtait plus à la défécation
froide, simplement à la chaux; mais, comme cette
défécation m'a réussi maintes fois, les années précédentes, sur de grandes masses de jus exprimé, je ne
sache pas ce qui pourrait s'opposer à son succès pour
du jus obtenu par filtration à l'eau pure, et qui est
bien moins chargé de matières étrangères au sucre.
Voici comme je procédai pour le jus provenant des
presses : je saupoudrai bien également et à différentes reprises la surface du jus de chaux vive réduite en poudre fine et tamisée. On ne mouvait point
le liquide; la chaux, par son propre poids, tendait à
gagner le fond du vase dans lequel se faisait la défécation, et entraînait avec elle les impuretés qui se
trouvaient dans le jus; elle resserrait le gluten en se
combinant et se précipitant avec lui; par le choc et
la chaleur momentanés que la chaux produisait dans
le liquide, une partie de l'albumine se trouvait coagulée. On recommençait cette opération après quelques minutes de repos, jusqu'à ce que l'on eût employé 7 à 8 grammes de chaux vive par litre de jus.
Une heure après le dernier saupoudrage de chaux,
on répandait, à la surface du liquide et aussi en
plusieurs fois, de la poudre de charbon d'os, en tout
dans la proportion de 12 à 15 grammes par litre de
jus; le noir, en se précipitant, s'emparait de la chaux
restée en suspension, et mettait en liberté une grande
partie du carbone de sucre, dont la chaux s'était saturée. Le dépôt se formait après quelques heures de
repos, et le jus devenait clair et prenait une teinte

rosée ; on l'envoyait directement aux filtres-Dumont ;
celui qui était trouble passait premièrement dans un
filtre ordinaire sur deux sacs, dont l'un en toile
serrée, et l'autre en cotonnade croisée. Mais, en se
servant de plans inclinés pour l'évaporation du jus,
il est nécessaire de lui faire subir préalablement, et
de suite après sa filtration sur le noir en grain, un
ou deux bouillons, afin d'en séparer le reste de l'albumine, qui s'y trouve encore en liberté.

A défaut de cette méthode, je proposerai celle que
j'ai long-temps suivie, et qui n'est à peu près qu'une
imitation de celle d'Achard ; c'est à dire que j'acidifiai le jus pour chaque litre avec 2 grammes 5 d'acide
sulfurique étendu d'eau, ou bien de 4 à 5 grammes
de sulfate de zinc, ou, bien mieux encore, de sulfate
d'alumine, dans la même proportion que ce dernier.
On laissait déposer, puis on tirait à clair, et ce n'est
qu'alors qu'on se servait de chaux vive en poudre (et
non de craie), dont on employait 2 grammes par
litre de jus après la saturation de l'acide. Cette défécation marche à merveille ; je ne trouve qu'une bien
légère observation à y faire : c'est qu'elle exige un
espace de temps assez prolongé ou un plus grand
nombre de cuves à déféquer, et qu'elle produit du
sulfate de chaux qui salit un peu les appareils à évaporation continue. Quant à ce dernier inconvénient,
nous donnerons ci-après un moyen facile pour l'é-
viter.

Le jus obtenu, par la macération à froid, des tranches de betterave à l'eau acidulée et dans des cuves
à double fond recouvertes d'une toile est remar-

quable par sa limpidité autant que par les phénomènes qui se présentent lors de sa défécation à froid.
Il est incolore et limpide comme l'eau de fontaine la
plus pure ; il ne change pas d'aspect au point de saturation de l'acide ; mais le plus léger excès de chaux
le fait virer au lilas ; et, à mesure que la proportion
de chaux augmente, il prend progressivement les
nuances suivantes : de violet clair, violet foncé ;
brun, brun sale, tirant sur le jaune ; de jaune blanchâtre et du plus beau jaune d'or, quand il est filtré
à cette dernière nuance : l'on est certain alors que
la chaux se trouve en quantité suffisante, et qu'il serait même préjudiciable d'en ajouter. On fera fort
bien, pour les premières opérations, d'essayer ce jus
dans des éprouvettes de verre, après l'avoir filtré aux
diverses nuances indiquées, pour acquérir l'habitude
de juger, par la couleur du jus battu, s'il y a suffisamment de chaux. Un grand excès de chaux ne change
plus cette dernière nuance, mais produit un dépôt
volumineux, ce qui prouve la décomposition du sucre. Voilà ce qui arrive quand on ajoute la chaux
par petites doses et filtrant à chaque changement de
nuance : le jus lilas, avec un peu plus de chaux,
donne lieu à la formation de fesces bien prononcées
et qui se précipitent très vite ; un plus fort dosage de
chaux rend le dépôt plus léger et plus grand ; si
l'on ajoute de la chaux au jus filtré de couleur jaune
d'or, on n'y remarque aucune réaction visible, et il
n'y a, au fond du vase en verre, que la chaux qui s'y
est déposée.

Le jus provenant du lavage de la pulpe à l'eau

acidulée par 2 grammes 5 d'acide sulfurique pour chaque litre de jus contenu dans la betterave est aussi très limpide (c'est à dire s'il y a un double fond dans la cuve), mais il affecte déjà une teinte jaune clair; avec une moindre quantité d'acide, il perd de sa transparence et prend une couleur rougeâtre et un peu foncée, ce qui prouve l'action de l'azote sur l'albumine non coagulée. On réunit, dans la cuve à déféquer, le jus provenant de plusieurs cuviers de macération, et l'on y verse, de suite et à la fois, toute la quantité de chaux vive, réduite en lait clair, dans la proportion de 2 à 2 grammes 5, en sus de la quantité nécessaire pour la saturation de l'acide. Pour bien mouver la masse, l'on se sert d'ustensiles en cuivre rouge et à longs manches, au moyen desquels on puise le liquide du fond de la cuve à différens endroits, en le reversant ensuite du plus haut possible; le dépôt ne tarde pas à se former; alors on soutire le jus clair par des robinets placés à différentes hauteurs dans le cuvier à déféquer, et on l'envoie directement aux filtres-Dumont; celui qui est trouble, ainsi que le fond de la cuve, passe d'abord par deux sacs et va rejoindre le premier. Si l'on mettait la chaux en trop grand excès, le dépôt se formerait très difficilement et occuperait les deux tiers de la cuve, tandis qu'en l'employant dans les proportions indiquées il se réduit au sixième de sa hauteur et reste parfaitement sec sur les sacs; par conséquent, plus de perte en sucre par les écumes et les fesces, qui se forment toujours en très grande quantité dans la défécation opérée à chaud, surtout avec grand excès d'alcali.

Un autre mode de défécation froide pour le jus acidifié, qui ne produit plus de sulfate de chaux et qui a sur les autres méthodes une supériorité brillante, consiste à passer le jus acidifié sur le noir en grain ; il sort transparent et incolore des filtres, et n'exige pas, pour cela, une trop forte proportion de charbon, qui, comme nous l'avons dit, décompose une grande quantité d'acide, sans charger le jus des sels calcaires que le noir animal contient. On peut même faire servir, à cet usage, le noir qui aura déjà été employé à la décoloration des sirops et qui aura été lavé à l'eau bouillante dans les filtres après cette opération. Le jus filtré passe aux cuviers de défécation, et, quoique la majeure partie du gluten se trouve éliminée par le noir, le jus accuse aux réactifs un état alcalin très prononcé ; mais la faible quantité de gluten qui y reste suffit déjà pour donner une certaine viscosité aux sirops, qui subissent même une réaction acide vers les 20° à peu près de leur densité, époque à laquelle l'ammoniaque abandonne, à l'état acide, le sel auquel il servait de base ; il est indispensable, par conséquent, de détruire encore à froid l'effet nuisible du gluten et de prévenir la réaction acide. On y parvient en ajoutant à froid, au jus neutralisé par le noir, 1 à 1 gramme et demi de chaux vive en poudre par litre de jus, en en saupoudrant la surface de la cuve, sans mouver ; puis l'on y projette quelque peu de noir en poudre, et on laisse déposer pendant une demi-heure. En se servant de plans inclinés, il est indispensable de faire subir au jus quelques bouillons, pour en séparer l'albumine que le noir a mise en liberté. Si l'on avait beaucoup de noir à sa disposition, cela serait la limite de la perfection que de faire passer une seconde fois le jus sur du charbon frais après la chaux que l'on y aura ajoutée, et avant d'en séparer l'albumine par l'ébullition : il est, d'ailleurs, facile à concevoir que la quantité de noir à employer serait, dans ce cas, bien minime. Il ne s'agit ici de rien moins que d'obtenir directement de la betterave du sucre en pain, ou de convertir son jus en produits bruts de la plus belle qualité, sans la moindre quantité de mélasse.

Les cuves de défécation ont environ 1 mètre 6 centimètres de profondeur.

OBSERVATIONS PARTICULIÈRES.

Quelque bien épuré que soit le jus de betterave, je trouve qu'une clarification de son sirop n'est jamais de trop, puisqu'on l'emploie même dans le raffinage des plus belles cassonades ; mais j'entends, sous ce mot, tout moyen qui facilite la soustraction des substances étrangères au sucre qui peuvent être le produit de la fabrication elle-même ou se trouver accidentellement dans le sirop, et qui permette de lui procurer une limpidité parfaite, avant de la faire passer sur les filtres-Dumont. Que cela soit donc par filtration forcée, comme dans le procédé

Howard, ou par épuration au noir en poudre suivie de filtration, ou bien par clarification proprement dite à l'albumine, que l'on arrive à ce but, les effets en seront toujours précieux pour nos matières brutes.

Une grandeur moyenne pour les filtres-Dumont est la seule convenable; le noir n'y rebondit pas d'un côté quand on le tasse de l'autre. J'ai trouvé un grand avantage aussi à ne pas doubler mes filtres à grains de charbon : il est impossible d'appliquer parfaitement le noir sur la doublure, et le sirop glisse toujours le long des parois métalliques. Tout au contraire, dans les filtres recouverts intérieurement d'une couche de mastic de plomb, le noir se colle très bien aux douves, la filtration est régulière et l'on n'a plus à redouter que les soudures de fuites pour le sirop. J'ai fait beaucoup d'expériences comparatives sur des mélasses dans des filtres chargés en ma présence, les uns doublés, soit en cuivre rouge bien étamé, soit en plomb laminé, et les autres simplement mastiqués intérieurement : *la quantité en plus de sirop décoloré était toujours plus grande et quelquefois même double pour ces derniers.*

Nous avons parlé de l'emploi du noir en poudre fine dans les filtres; ce que je vais en dire est fondé sur une longue pratique : pour première condition d'abord, il faut que les sirops soient aussi purs que possible, et présentés à l'état d'ébullition à peu près; leur densité peut varier de 18 à 22° bouillans. Voici la manière de disposer le charbon en poudre dans les filtres *non doublés* : on l'humecte légèrement d'eau, en le triturant entre les mains, et l'on y ajoute $\frac{1}{5}$ ou

$\frac{1}{6}$ de noir (soit animal, minéral ou végétal) en grain, que l'on mêle à la poudre le plus parfaitement possible. La couche du fond est composée de noir en grain seul, que l'on tasse fortement sur la toile, ainsi que sur ses rebords ; puis l'on arrange les autres couches, en les égalisant avec la main, sans pourtant les comprimer, mais pressant un peu sur les côtés du filtre. La hauteur de toute la couche du noir en poudre est de 3 décimètres. On met par dessus un couvercle métallique percé de trous, au dessus duquel on suspend un sac dans lequel on verse le sirop bouillant, et l'on couvre le filtre, afin d'y maintenir la chaleur.

M. Dufour, de Moscou, praticien très expérimenté dans la fabrication qui nous occupe, m'a communiqué des renseignemens très avantageux sur un autre mode de filtration des sirops sur le charbon en poudre, et qui consiste dans une construction particulière du filtre ; il a même eu l'obligeance de m'en envoyer un : j'en donne un dessin, fig. 6e, pl. II. C'est un cône métallique renversé A, dans lequel entre un autre vase en fer-blanc B, de la même forme que le premier, mais plus petit que lui ; à sa partie supérieure, il porte un petit tube à air g, on fait passer ce vase par le trou d'un sac conique C, fait en double flanelle piquée, qu'on ficelle bien soigneusement sur le collet inférieur du vase B, les rebords du sac se rabattant sur les parois extérieures du filtre, où on les fixe au moyen de boutons ou de crochets f, f. Le vase B est séparé de la boîte A par trois anses en fer a, a, et trouve son appui par le bas, au moyen d'une plaque métallique *b*, découpée à peu près en croix et soudée à la pointe du cône B ; un peu plus haut qu'elle, il y a un anneau *c*, soudé au vase intérieur : l'espace entre l'anneau et la plaque forme le collet auquel s'attache le sac, qui se trouve tendu, au moyen de l'anneau et des anses, et isolé du vase B. On remplit ce dernier, par l'entonnoir *d*, d'eau bouillante, ayant soin de boucher ensuite son ouverture et de placer un poids au dessous ; puis l'on verse dans le sac le sirop qu'on a fait bouillir auparavant avec du noir en poudre : le noir s'attache par couches aux mailles du sac ; la filtration est assez prompte, et la décoloration satisfaisante ; tel est l'avis de M. Dufour sur ce filtre. Je viens d'en faire l'usage moi-même sur des sirops de lumps et sur de vieilles mélasses de betterave. Je forçai la dose de noir, pour les premiers, dans la proportion de 65 grammes par litre de sirop de 30° de densité à la température de 70° Réaumur : le sirop obtenu était très limpide et décoloré aux deux tiers pour le moins ; après 80 litres de passés, les mailles du sac ont été obstruées par la grande quantité de noir qui s'y était réunie ; mais, vu la petitesse du filtre, la proportion de sirop qui a passé dit beaucoup en sa faveur : le lavage du noir dans le filtre même s'est exécuté très bien ; il faut avoir soin seulement de ne verser l'eau que petit à petit au commencement, et d'en remplir le filtre vers la fin de l'opération. J'ai essayé, pour les mélasses, de les filtrer à froid à 12° de densité et après les avoir battues dans un cylindre avec moitié moins de noir fin que dans la première expérience ; 200 litres ont passé sans difficulté, et la décoloration en a été passable. Je suis porté à croire qu'on peut utiliser ce filtre avec grand succès dans la fabrication du sucre de betterave, en lui donnant une dimension un peu plus grande, et faire servir pour cela les formes bâtardes dans lesquelles on introduisait un vase quelconque pour forcer le noir à s'attacher au sac, qui peut être fait en double cotonnade croisée et piquée, ainsi que j'en ai acquis la certitude.

De la chaudière tournante. Cette chaudière, qu'un certain Badou a importée dernièrement en Russie avec mille et un secrets sur la fabrication du sucre, qu'il n'a jamais pratiquée lui-même, n'est autre chose que le cylindre tournant proposé pour le séchage des grains. Quoiqu'elle ait été rejetée par tous les fabricans qui en ont fait l'essai, je puis affirmer pourtant, en connaissance de cause, qu'elle peut fort bien être employée dans la petite fabrication du sucre indigène et même servir dans les grands établissemens pour la dernière cuite des sirops de betterave, ainsi que pour leur décoloration au noir en poudre : c'est une de ces idées heureuses, qui, par son extrême simplicité, fait honneur à son inventeur. La marche de la chaudière tournante est très lente, il est vrai, mais elle a pour elle le mérite inappréciable de ne pas altérer du tout la substance sucrée. Ce cylindre, d'une longueur de 3 mètres à peu près sur o mètre 7 à 1 mètre de diamètre intérieur, est fait en feuilles métalliques assez minces ; il est fermé aux deux boûts par deux disques assez forts pour maintenir tout l'appareil ; les disques ont, à leur centre, une ouverture

de 2 décimètres, 5 à 3 décimètres de diamètre; chacune d'elles a un assez large rebord, qui est replié intérieurement, pour empêcher le sirop d'être rejeté au
dehors; l'on fixe, à chacun de ces disques, une large
barre en fer, par laquelle passe l'axe de la chaudière;
cet axe repose sur deux coussinets, et l'un de ses bouts,
plus long que l'autre, reçoit une manivelle ou bien
une poulie de renvoi, au moyen de l'une desquelles
on fait tourner le cylindre; ou bien on ajuste, sur une
des extrémités et tout autour de la chaudière cou-
chée, un engrenage en fonte, qui lui imprime le
mouvement. Plus la chaudière tourne vite, et plu
s'élève la température du sirop. La preuve se reconnaît par l'épaississement de la masse qui se détache
alors en filet très long : un peu d'habitude acquise
dispensera même de recourir à la preuve du filet ou
à celle que l'on prend au soufflet. La température du
sirop reste constamment entre 57 et 60° Réaumur. On
suspend un thermomètre à une partie tournée de l'axe,
pour ne pas dépasser ce degré. Le sirop est retiré
au moyen d'un gros robinet placé près du bord du
disque extérieur, et l'on soulève un peu l'autre bout
pour faciliter la décharge du cylindre. On peut,
sans inconvénient, pousser la concentration du sirop
plus loin que l'on n'est dans l'habitude de le faire :
on obtient plus de grains par ce moyen, et les cristaux se trouvent plus rapprochés sans que cela nuise
à la fluidité des eaux-mères qui s'écoulent très facilement.

Du chauffoir. En travaillant avec des appareils
à très basse température, il faut nécessairement, si

l'on veut obtenir une cristallisation bien nerveuse, se servir d'un moyen quelconque pour élever la température du sirop jusqu'à 70° Réaumur. Il n'y a rien de plus simple que d'employer pour cela, comme on le fait dans quelques sucreries, une espèce de rafraîchissoir entouré de planches bien jointes, cerclées tout autour, hermétiquement fermées dans le haut et ayant un fond bien solide : on ménage un petit espace entre ces planches et le rafraîchissoir, pour y faire entrer de la vapeur comprimée, et dont l'eau de condensation puisse s'écouler facilement; c'est dans ce rafraîchissoir que l'on fait grener le sirop.

UN MOT SUR LA PETITE FABRICATION DU SUCRE DE BETTERAVE.

Si les procédés que nous venons de décrire présentent quelques avantages nouveaux aux propriétaires des grandes et des moyennes sucreries, de quelle importance ne seront-ils pas pour la petite fabrication des ménages de campagne? Tout le mobilier d'un laboratoire de famille consisterait

Dans une râpe à bras;

Un réservoir à eau de la contenance de 1,200 litres;

Huit baquets de macération, chacun de 6 décimètres de diamètre intérieur sur 7 de profondeur, munis d'un robinet et d'un tube de communication;

Une pièce de bois percée, servant de tuyau de conduite pour l'eau, avec des broches en bois à la place de robinets ;

Deux dalles en bois, l'une pour la vidange des eaux de lavage, et l'autre pour porter le jus du dernier cuvier dans un seau placé au dessous de la cuve qui se trouve en tête de la série ; le transvasement à bras peut remplacer les pompes ;

Trois baquets pour la défécation à froid, plus hauts que larges, et chacun de la capacité de 3 hectolitres ;

Un filtre ordinaire en osier, avec quatre sacs de rechange ;

Deux filtres avec leurs sacs à flanelle et leurs vases métalliques intérieurs ;

Un cylindre tournant, en fer de tôle, étamé intérieurement, de 3 mètres de long sur 1 de diamètre ; pour une épaisseur de couche du liquide de 1,5 centimètres au milieu, il peut contenir 235 litres de jus, et il serait très facile d'y faire entrer 500 litres et plus, en augmentant de bien peu la couche du liquide ;

Un cylindre pareil au premier, qui n'aurait pourtant que la moitié de sa longueur ; il servirait à la cuite des sirops ;

Deux fourneaux pour les deux cylindres, qui chaufferaient en même temps une petite étuve, et dont on pourrait utiliser la chaleur excédante dans le ménage ;

Vingt-cinq hottes en bois, de la capacité de celles de M. de Dombasle ;

Deux baquets pour les mélasses.

Mode de travail. La pulpe de betterave sera lessivée à l'eau pure, et, de trois jours l'un, on épuisera la série jusqu'à 3 degrés de densité.

La défécation froide se fera en acidifiant préalablement le jus avec de l'acide sulfurique ou du sulfate d'alumine, si toutefois le jus ne se prête pas à la défécation froide simplement à la chaux.

Le jus déféqué passera par deux sacs, ayant de la paille au fond et sur les côtés; de là on le portera dans le grand cylindre, dans lequel on projettera du noir en poudre; on favorisera l'ébullition, et de temps à autre on soulevera le noir au moyen d'un râteau à long manche. Quand l'écume se sera formée, on l'enlevera avec soin, ainsi que la folle farine du charbon; et ce n'est qu'après cela qu'on commencera à tourner le cylindre, dans lequel on maintiendra la température entre 58 et 60° Réaumur. Approchant de 20° de densité, on élevera momentanément la chaleur du sirop jusqu'à 70°, en tournant le cylindre plus vite et en forçant un peu le feu.

Du grand cylindre, le sirop passe aux filtres à flanelle, puis on achève de le concentrer dans le second cylindre.

La mélasse sera recuite au fur et à mesure de son écoulement, au commencement de la journée, dans le petit cylindre, et, à la fin de la journée, dans le grand.

Les baquets de macération étant calculés pour la contenance d'un quintal et demi de pulpe, l'on pourra macérer facilement mille kilogrammes de betteraves en six à huit heures de travail; le reste de la journée

serait employé à d'autres travaux de la fabrication.
Les mille kilogrammes de racines donnant un peu
plus que 900 litres de jus, il y aura trois charges de
jus pour le grand cylindre.

Cette fabrication pourra expédier, dans la saison,
240 à 300 milliers de betteraves, qui peuvent être
le produit de 4 hectares, si la culture en est bien
soignée. Le bénéfice net peut s'élever de 6 à 7,000 fr.,
sans compter la ressource très grande des résidus de
la macération ou de la pulpe épuisée, qui est une
nourriture salutaire pour le gros et le menu bétail,
dont il est très friand. Ce surcroît de nourriture doublera certainement la masse des engrais de la ferme.

Que l'on juge, d'après cela, de quelle influence
pourraient être les progrès de cette industrie pour la
culture en général du pays.

QUELQUES RÉFLEXIONS PERDUES SUR L'IMPÔT PROPOSÉ.

Tout monopole exercé par le gouvernement d'un
pays est justement considéré comme un vice des administrations précédentes ; mais les administrations
qui suivent *trouvent ordinairement* quelques diffi-
cultés opportunes pour remplacer un abus déjà enra-
ciné, et dont elles continuent de profiter *tout modes-
tement* par une répartition plus égale de l'impôt.
Pourquoi faut-il donc débuter par un abus, dans
une industrie naissante et qui intéresse si éminem-
ment l'agriculture? Il est bien plus commode, assu-

rément, de borner sa responsabilité politique aux ex-
pédiens d'un pouvoir passager, et d'improviser un
impôt, selon l'urgence du cas, que d'embrasser à la
fois les questions vitales du bien-être de son pays;
l'un est l'effet d'une inspiration capricieuse, et l'autre
le résultat d'une étude approfondie. Du caissier en
chef à l'homme d'État, il n'y a qu'une nuance : c'est
celle de tout l'avenir qui manque au premier.

Ne serait-il pas plus équitable et plus sage aussi
de distinguer, dans tous les cas présens et à venir,
l'impôt foncier de l'impôt industriel? Laisser toute
la latitude possible au cultivateur intelligent, et ne
calculer les charges territoriales que sur le *minimum*
des produits de telle ou telle autre province; puis
placer sur la même ligne toutes les branches de l'*industrie agricole*, telles que la fabrication des draps,
des soieries, des toiles, des dentelles, des vins, des
eaux de vie, des huiles d'olive et de graines, du tabac,
en abolissant son monopole, du sucre indigène, etc.,
et les faire contribuer toutes, et selon leurs ressources
respectives, aux besoins de l'État. Pourquoi la fabrication du sucre indigène supporterait-elle seule tout
le poids de cette charge? serait-ce parce qu'elle en est
seule la cause? Mais n'est-elle pas aussi la source
unique de richesses nouvelles et inconnues jusqu'à
elle, distribuées sur une grande étendue, et répan-
dues parmi les classes les plus indigentes de la société? Pourquoi l'impôt ne serait-il pas, du moins,
réparti entre les fabricans des produits bruts et les
raffineurs? Les hasards que ces derniers couraient,
au risque de leur fortune, par la baisse imprévue

dans les prix sur les cassonades coloniales, sont pourtant sur le point de s'évanouir, grâce à la fabrication du sucre indigène, qui leur offre et la matière première et toute sécurité.

La loi proposée manque aussi de base; 1° les calculs sont fondés *sur une simple hypothèse* de rendemens de 8 pour 100 en cassonade que personne n'a encore obtenus, et sur *un ouï-dire* que ces rendemens peuvent aller même jusqu'à 10 pour 100. Si quelques propriétaires ont porté la fabrication du sucre de betterave à un haut degré de perfection, est-il juste de les punir pour tout le bien qu'ils ont procuré au pays par leur persévérance étonnante et par d'énormes sacrifices; le plus grand nombre d'entre eux possède-t-il, jusqu'à présent, les moyens nécessaires pour profiter des améliorations nouvelles? Est-il raisonnable seulement de calculer un prix *de maximum possible en industrie*, et de ne rien accorder aux mauvaises chances, au degré variable de la densité du jus, à la négligence des ouvriers, aux fautes de la manipulation, et surtout aux avaries d'une conserve de cinq mois, pour une racine tout aqueuse? Le motif de la loi est la protection due aux colonies. De deux choses l'une: ou l'impôt ne se trouve pas en rapport avec les ressources de l'industrie nouvelle, ou bien il peut être supporté par elle. Dans le premier cas, c'est favoriser les colonies aux dépens de la mère-patrie, et tarir une source de prospérités à la première époque de son développement; dans la seconde supposition, *qu'en reviendra-t-il aux colons?*

Cette loi serait-elle la conséquence d'un nouveau

système de tarif? Mais, grâce à Dieu! l'on ne croit
plus de nos jours à la balance du commerce de nation
à nation : chacune d'elles produira le plus qu'elle
pourra et fera sagement; puis, elle se procurera
l'indispensable, là où les prix se trouveront les plus
avantageux pour elle. Le système d'échanges réci-
proques n'est donc qu'un préjugé des anciens temps
et qu'une absurdité dans notre siècle industriel. Comment un ministre pourrait-il d'ailleurs contraindre
les particuliers, par un faux esprit de calcul, à ache-
ter plus cher chez les autres ce que l'on peut produire
soi-même à plus bas prix? Cela serait démence complète que d'y prétendre.

Si cette loi est réellement une exigence forcée du
trésor, par le déficit d'autant de millions qui lui man-
quent, comment ce déficit a-t-il donc pu être couvert
pendant les dernières années, car il est impossible
que la fabrication du sucre indigène soit parvenue à
cette importance dans l'espace de quelques mois? Les
progrès de la nouvelle industrie ne datent que de
l'occupation d'Alger : que peut rapporter l'une, que
doit coûter l'autre?

Supposons un moment que le nouvel impôt doive
peser exclusivement sur la fabrication du sucre indigène, les mesures proposées pour le prélèvement de
l'impôt n'en seront pas moins dérisoires et dénuées
de toute espèce de raisonnement : c'est frapper matériellement et moralement, à coups de massue, une
industrie naissante et créer une régie monstrueuse,
à l'instar de celle du tabac. Au lieu de présenter cette
dernière comme un précédent antilégal et honteux

à imiter, on la fait valoir, tout au contraire, comme un moyen d'excuse pour l'installation de l'autre; tellement les mauvais exemples sont contagieux et pernicieux dans l'administration!

Que les propriétaires de grandes sucreries de bette-rave et de moindre importance trouvent en elles les moyens nécessaires pour les entourer d'un mur de prison et pour subvenir à l'entretien d'un geolier commis à la trappe d'entrée; mais le fermier, borné dans ses ressources, peut-il se condamner à perpétuité avec toute sa famille et servir avec elle de pâture à la sangsue préposée à ses côtés? Comment peut-on prononcer, de gaîté de cœur, un arrêt de mort sur la fabrication domestique, et étouffer ainsi le courage de l'homme laborieux avec l'avenir de ses enfants! C'est plus qu'une faute.

Pour quelle raison ensuite les produits blancs sont-ils imposés infiniment au dessus des produits bruts par la nouvelle loi? S'il était possible pourtant de les obtenir blancs de premier jet, sans les soumettre au terrage ou au clairçage, n'est-ce pas restreindre d'une manière inconsidérée les limites des perfectionnements dont est susceptible encore la fabrication du sucre de betterave?

Au moins, toutes ces mesures trahissent la légèreté avec laquelle le projet de loi a été conçu et la précipitation avec laquelle il a été rédigé; n'eût-on pas trouvé sans cela quelques autres expédients plus conformes au respect que se doit le gouvernement qui les propose? Mais non; il serait même ridicule d'accuser les administrateurs d'autant d'imprévoyance : la loi proposée n'est qu'un salut de courtoisie, tiré

avec grand fracas en l'honneur des amis de l'autre
bord de l'eau; c'est le sacrifice d'un amour-propre
personnel à la concorde politique. Il y a pourtant
mesure à tout; et cette abnégation de toute espèce de
dignité individuelle pourrait servir d'exemple d'hu-
milité inouie pour l'histoire, si elle n'entraînait après
elle les conséquences les plus onéreuses pour les inté-
rêts industriels et agricoles d'une nation indépendante.

Comme le nouveau procédé que nous venons de
décrire sera, sans aucun doute, généralement adopté,
il peut fort bien aussi tirer d'embarras le fisc aux
abois : quoi de plus simple, en effet, que de taxer
les cuviers de macération d'après leur diamètre et par
série de cuves, et ne plus inquiéter, ni le fabricant,
par des inspections inquisitoriales à tous les moments
du jour et de la nuit, ni le cultivateur, par l'estimation
vexatoire des produits qu'il obtient de ses champs
à la sueur de son front?

Il est de toute justice pourtant que les administrateurs prennent en considération toutes les chances
défavorables de la fabrication; qu'ils bornent, dans
leurs calculs, à cent jours seulement les cinq mois
de fabrication, et qu'ils ne comptent dans la journée
que sur quatorze heures de travail au plus. Il faudra
de même qu'ils réduisent de deux tiers au moins le
chiffre de l'impôt, par un motif tout-puissant et
frappant de vérité : « Il est indubitable que la France
» peut atteindre avant cinq ans, avec ses propres
» produits, au maximum de l'importation annuelle
» en sucre; mais là ne se bornera pas l'extension de
» la nouvelle industrie; le nombre des consomma-

» teurs de sucre augmentera d'année en année, par la
» facilité qu'ils auront de se procurer cette denrée
» de luxe pour le moment, mais qui dégénérera
» bientôt en nécessité. Ce n'est donc point exagérer
» la prévision que de porter au double et même au
» triple le nombre de consommateurs en sucre d'ici
» à dix ans : en Angleterre, on en nourrissait les
» chevaux, lors du système continental. »

L'intention du gouvernement se borne, dans cette circonstance, à s'indemniser sur le sucre de betterave des pertes qu'il éprouve sur les droits d'entrée. *Pourrait-il pousser ses exigences au delà de la somme qui se trouve en déficit?*

PROCÉDÉS ET APPAREILS

NOUVEAUX

POUR LA FABRICATION

DU

SUCRE INDIGÈNE.

OUVRAGES

Qui se trouvent dans la même Librairie.

—

CHIMIE APPLIQUÉE A L'AGRICULTURE, par le comte *Chaptal*, ancien Ministre de l'intérieur. Deuxième édition augmentée. 2 vol. in-8°. . . . . 13 fr.

> On trouve, dans cet ouvrage, un grand nombre de documens sur la culture de la betterave et sur l'extraction de son sucre.

FAITS ET OBSERVATIONS SUR LA FABRICATION DU SUCRE DE BETTERAVE et sur la distillation des mélasses, avec d'importantes corrections et l'indication d'un procédé entièrement nouveau pour l'extraction de la matière sucrée des racines, par M. *Mathieu de Dombasle.* Troisième édition. 1 vol. in-12, fig. . . . . 3 fr. 50

DE LA CULTURE DES BETTERAVES, etc., par *W. Cobbett.* Trad. de l'anglais, par M. *de Valcourt.* In-8°. . . . . . . 2 fr. 25

AMÉLIORATIONS A INTRODUIRE DANS LA FABRICATION DU SUCRE DE BETTERAVE, par M. *Nozarzewski.* In-8°. . . . . . 1 fr. 50

BULLETIN DU PROCÉDÉ DE MACÉRATION pour la fabrication du sucre de betterave, par M. *Mathieu de Dombasle.* In-8°. . . . . 1 fr. 75

Appareil à évaporation continue.

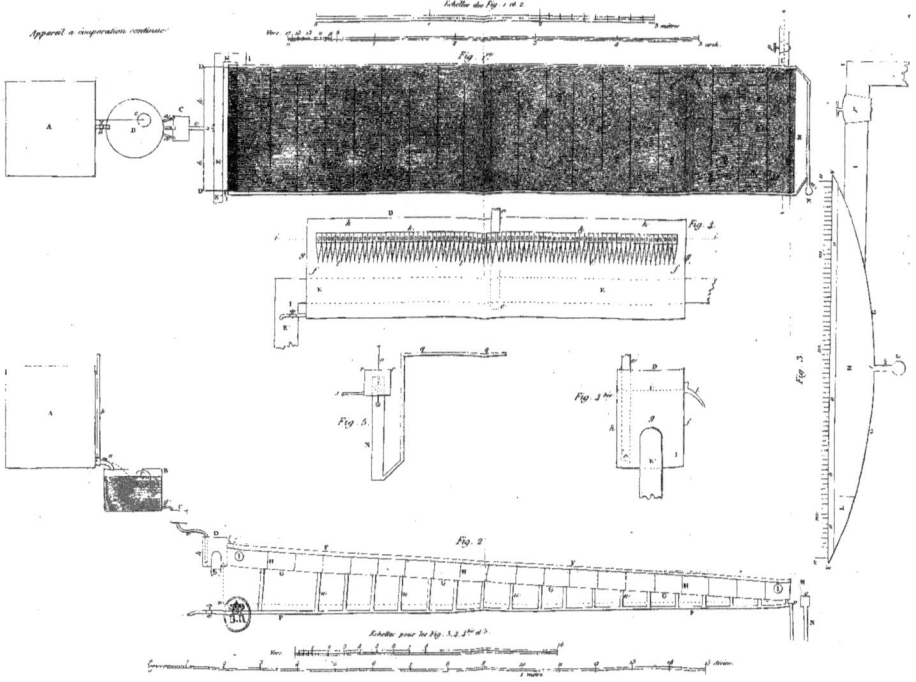

Echelle des Fig. 1 et 2.

Vers.

Fig. 1re

Fig. 4.

Fig. 5.

Fig. 4 bis.

Fig. 3.

Fig. 2.

Echelle pour les Fig. 3, 4, 4 bis et 5.

Vers.

1 mètre.

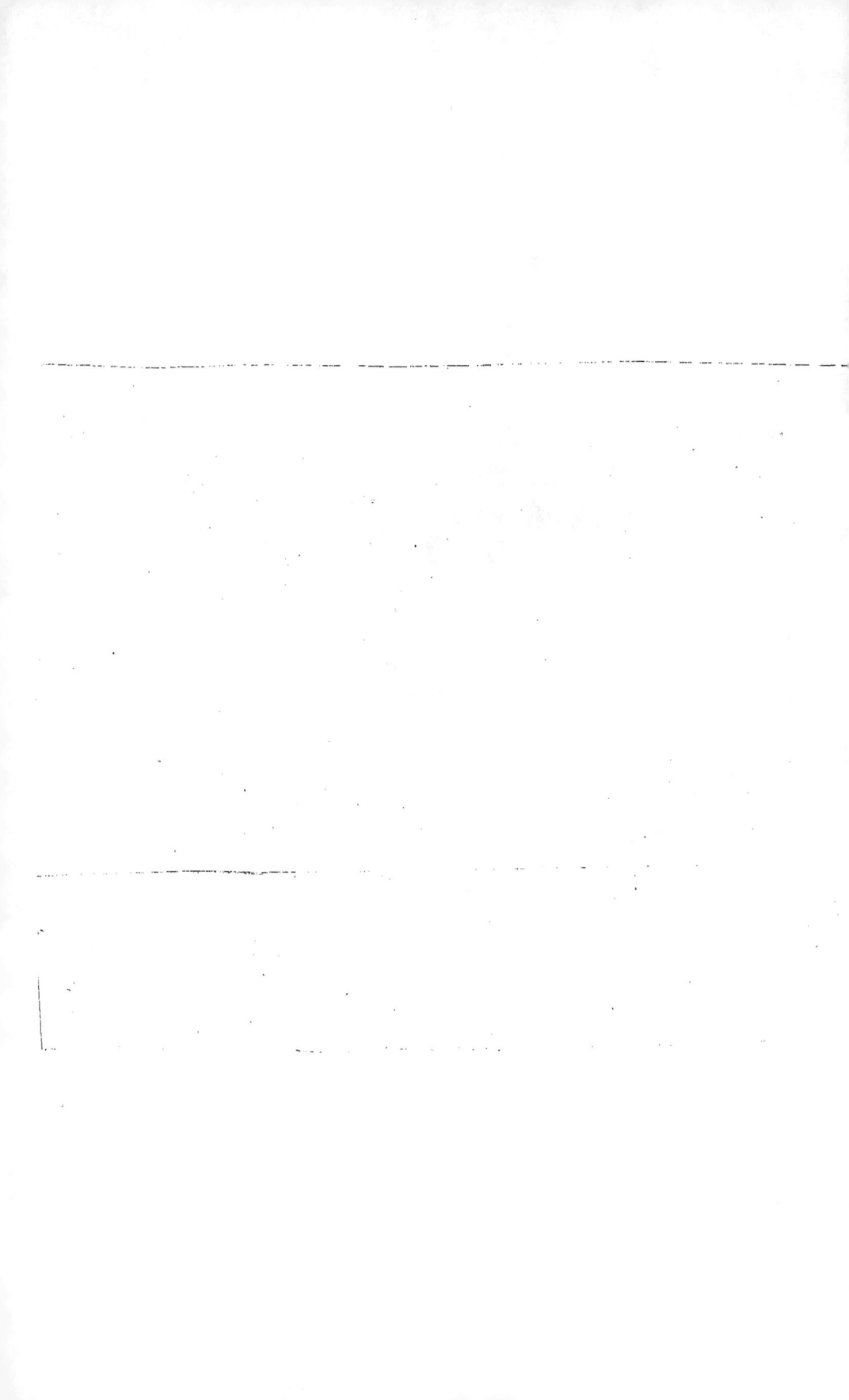

Pl. 2.

Echelle pour les Fig. 1, 2, 3 et 4.

Fig. 1.
Vue de côté d'une Série de Cuves de macération.

Fig. 2.
Plan de deux Séries de Cuves de macération.

Fig. 3.
autre combinaison pour le placement des Cuves de macération.

Fig. 4.
Plan pour la Fig. 3.

Explication pour les Fig. 1, 2, 3, 4 et 5.

A Grand réservoir a eau.
B Cuvier de macération.
C Petite baquets servant a former la chaine d'une série.
D Cuvier verificateur.
E Anale-voil souterrain.
F Echaffaudage autour de la série.
G Gradins.
H Pompe.
I Cuve à défequer le jus.
J Filtre ordinaire.
K Balle ordinaire.
L Balle à jus nature.
M Balle à jus non saturé.
N Balle de vidanges.
O Plancher de l'atelier.
P Robinets.
Q Tuyau de conduit p.r l'eau.
R Tuyau de conduite p.r le jus.
S Tube de communication mobiles.
T Traverses fixes en bois (Fig. 5).
U Traverses mobiles.
V Supports des couvercles.

X Couvercles.
Y Tourniquets.
Z Hauteur du liquide ou dessus du couvercle.

Pour la Fig. 6.

A Filtre.
B Vase intérieur métallique.
C Sac ou double flanelle piquée.
D Support du filtre.
a.a. Anses du vase B.
c Petite plaque fixe en cuir.
e Anneau soude au vase B.
x Petit robinet.
z Entonnoir fixe.
ef. Bandeau ou Crochets.

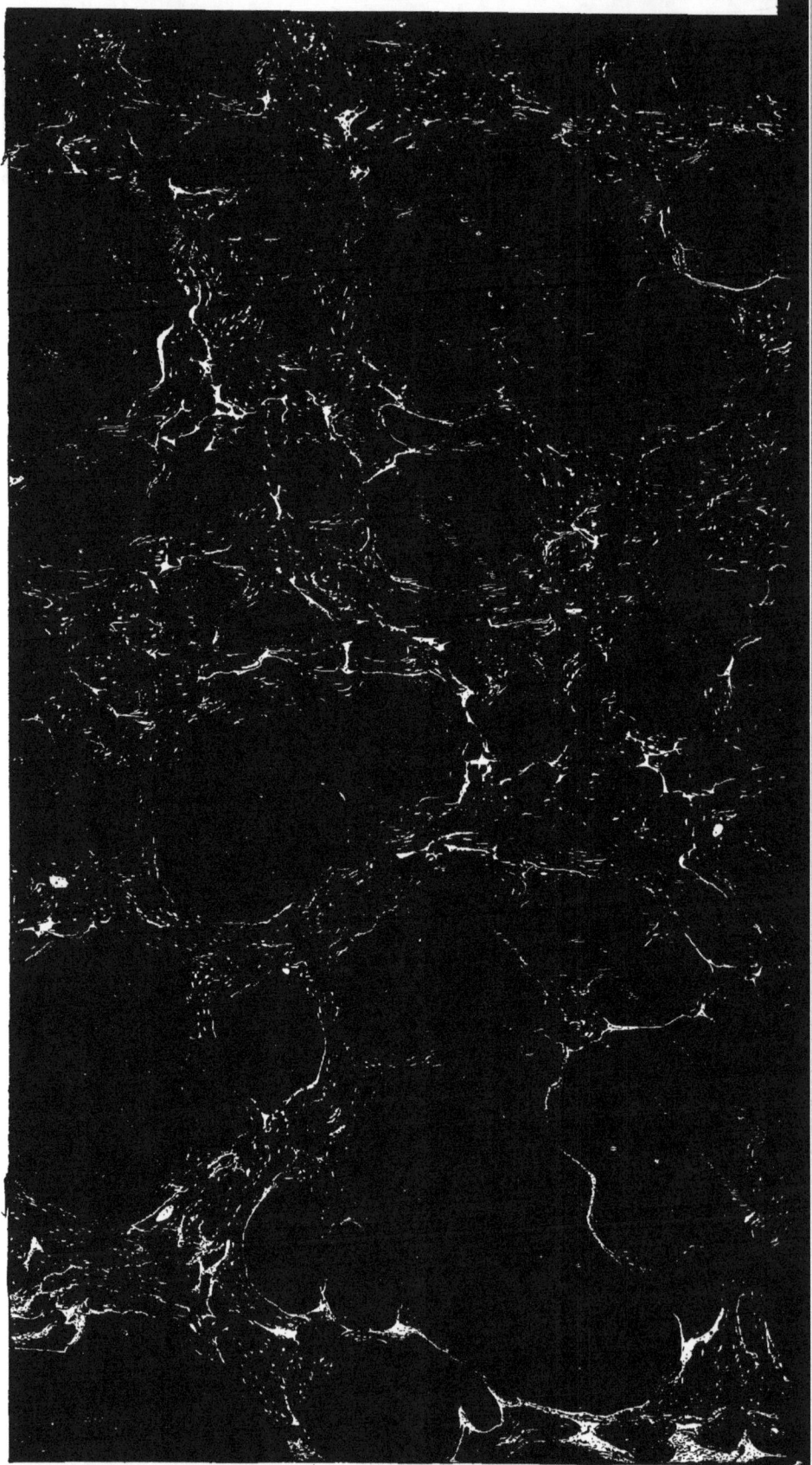